大型坳陷盆地过渡带致密砂岩气富集机理——以鄂尔多斯盆地杭锦旗地区上古生界为例

DAXING AOXIAN PENDI GUODUDAI ZHIMI SHAYANQI
FUJI JILI——YI ORDOS PENDI HANGJINQI
DIQU SHANGGUSHENGJIE WEILI

何发岐 张 威 齐 荣 等著
曹 强 陆永潮 叶加仁

图书在版编目(CIP)数据

大型坳陷盆地过渡带致密砂岩气富集机理——以鄂尔多斯盆地杭锦旗地区上古生界为例/何发岐等著.—武汉:中国地质大学出版社,2023.2
ISBN 978-7-5625-5489-9

Ⅰ.①大… Ⅱ.①何… Ⅲ.①鄂尔多斯盆地-过渡带-致密砂岩-砂岩油气藏-研究 Ⅳ.①P618.130.2

中国国家版本馆 CIP 数据核字(2023)第 018489 号

大型坳陷盆地过渡带致密砂岩气富集机理 ——以鄂尔多斯盆地杭锦旗地区上古生界为例	何发岐 等著

责任编辑:韩 骑	选题策划:张晓红 韩 骑	责任校对:张咏梅
出版发行:中国地质大学出版社(武汉市洪山区鲁磨路388号)		邮编:430074
电 话:(027)67883511	传 真:(027)67883580	E-mail:cbb@cug.edu.cn
经 销:全国新华书店		http://cugp.cug.edu.cn
开本:787毫米×1 092毫米 1/16	字数:268千字	印张:10.5
版次:2023年2月第1版	印次:2023年2月第1次印刷	
印刷:武汉中远印务有限公司		
ISBN 978-7-5625-5489-9		定价:128.00元

如有印装质量问题请与印刷厂联系调换

序

随着全球油气勘探开发由常规向非常规转化,致密砂岩油气已成为我国非常规油气勘探最为现实的"重点领域"与"亮点类型",其分布范围广,涉及层系多,在我国多个含油气盆地的勘探开发中均取得了巨大突破。"十三五"以来,中国石油化工股份有限公司(简称"中国石化")在鄂尔多斯盆地杭锦旗地区盆缘过渡带致密砂岩油气勘探中取得了重要突破。截至2021年底,在上古生界累计提交天然气探明资源储量 $1\,927.21 \times 10^8\,m^3$,已完成首期 $30 \times 10^8\,m^3$ 的产能建设,建成了东胜气田,实现了天然气勘探开发"走出大牛地气田,实现规模资源接替"的战略目标,为国家能源安全保障做出了积极贡献。

与盆内连续性岩性气藏不同,杭锦旗地区具有典型盆缘过渡带特征,具体表现在:构造单元——由盆地腹部平缓斜坡区向北部继承性隆起区过渡;沉积格局——由近物源陡坡区冲积扇沉积向远物源缓坡区辫状河沉积过渡;源岩分布——由盆内大型生烃中心向盆缘烃源岩缺失区过渡;成藏类型——由盆内连续岩性成藏到盆缘非连续复合成藏过渡。受盆缘过渡带构造、沉积条件控制,源、储、输、构成藏要素在空间上呈差异配置,造成本区天然气成藏条件与含气格局的复杂性。针对盆缘过渡带勘探开发中气水关系复杂这一难题,中国石化在该区布设了近 $6000\,km^2$ 的三维地震和大批钻井,用以加大勘探开发力度,并依靠创新驱动、科技攻关强化科研支撑,设立"十三五"项目群课题"鄂尔多斯盆地大中型气田目标评价与勘探关键技术",中国石化华北油气分公司研究团队依托该项目搭建科研联合攻关平台,与中国地质大学(武汉)、成都理工大学、中国石化石油勘探开发研究院进行长期攻关研究,形成了一系列创新性研究成果。本书作者系统总结了鄂尔多斯盆地北缘杭锦旗地区取得的勘探开发关键技术成果,包括"层间断裂精细化解释与储层非均质性评价技术""储层致密化成因机制与天然气充注时序分析技术"和"不同净动力背景天然气差异富集规律评价技术"三大关键技术体系,建立了盆缘过渡带大面积低丰度背景下大中型致密岩性气藏成藏模式,深入总结了盆缘过渡带不同构造区致密砂岩气的富集规律。本书的主要成果是填补了大型坳陷盆地过渡带致密砂岩气勘探技术与成藏理论的空白,提高了勘探开发效果,同时丰富了致密低渗油气的成藏理论,助推大型坳陷盆地边缘复杂类型油气藏的勘探开发。

本书以盆缘过渡带致密砂岩气藏成藏理论为指导,以构造-沉积-储层差异演化控制下的成藏要素特征及演化分析为主线,揭示了盆缘不同构造带河道砂体叠置模式及储层非均质性特征；重点解剖天然气成因及来源、储层致密化与天然气充注时序关系、天然气充注动力-阻力演化及配置关系，总结了不同致密类型储层天然气富集动力学条件及差异运聚过程；从地层水化学特征和气水分布特征入手，解剖不同级别储层气水赋存机理；通过盆缘过渡带天然气成藏地质要素特征、关键时刻储层致密化特征及成藏动力学条件综合对比分析，深入揭示盆缘过渡带天然气差异性富集的机理，建立具有盆缘过渡带特色的综合成藏模式。

本书的出版，将为我国大型坳陷盆地非常规致密砂岩气的勘探开发提供技术指导。

前　言

致密砂岩气是我国最先规模化商业利用的非常规天然气，也是目前我国非常规天然气产量的主体。鄂尔多斯盆地致密砂岩气资源丰富，约占全国致密砂岩气总资源量的59%，主要分布在上古生界石炭—二叠系中。以往的地质研究与勘探工作主要集中在盆地内部，相继发现了苏里格、米脂、子洲、神木、大牛地和延安等大型致密砂岩气田，探明致密砂岩气资源总储量（含基本探明储量）超过 $6\times10^{12}\,\mathrm{m}^3$，年产量达 $320\times10^8\,\mathrm{m}^3$，截至2022年，鄂尔多斯盆地是我国储量规模最大、产量最高的致密砂岩气产区。杭锦旗地区地处鄂尔多斯盆地北部盆缘过渡带上，地质条件与盆内差异较大，业内专家对该区天然气成藏富集条件看法不一，大多认为盆缘过渡带断裂构造复杂，烃源岩欠发育，难以形成规模气藏。

为进一步扩大天然气勘探领域，寻找鄂尔多斯盆地北部盆缘天然气富集区，探索适用盆缘复杂气藏的勘探开发技术，"十三五"以来，中国石化华北油气分公司持续开展盆缘致密-低渗气藏富集规律与勘探开发关键技术攻关，从勘探理论上逐步揭示了盆缘多类型气藏成藏富集机理，明确了该区天然气成藏模式和气藏分布类型；从勘探实践上将科研成果及时转化，由单一岩性圈闭勘探转向多类型圈闭系统勘探，优选出独贵加汗、新召和什股壕3个天然气富集区。2019年9月25日，中国石化华北油气分公司在鄂尔多斯盆地北部盆缘过渡带上古生界的油气勘探中取得了重大进展，发现了"千亿方大气田"——东胜气田。该发现被选为2011—2020年全国优选找矿成果，标志着中国石化在鄂尔多斯盆地北部60年来油气勘探的里程碑式突破，实现了天然气勘探开发"走出大牛地气田，实现规模资源接替"的战略目标。截至2021年底，鄂尔多斯盆地北部盆缘过渡带杭锦旗地区上古生界累计提交天然气探明资源储量 $1\,927.21\times10^8\,\mathrm{m}^3$，三级地质储量 $10\,002.1\times10^8\,\mathrm{m}^3$，2021年年产能 $20\times10^8\,\mathrm{m}^3$，预计"十四五"末可接近 $30\times10^8\,\mathrm{m}^3$，是中国石化华北油气分公司致密砂岩气产能建设的战略展开区和"源边"大气田培育区，已成为中国天然气重要的增储上产阵地之一，为国家能源安全保障做出了积极贡献。

杭锦旗地区在区域构造上位于鄂尔多斯盆地北部伊陕斜坡、天环坳陷和伊盟隆起3个构造单元的过渡部位，处于大型坳陷盆地盆缘过渡带，主要发育上古生界石炭—二叠系致密-低渗气藏，含气层位与盆地内部大牛地气田一致，同属于克拉通盆地大型致密砂岩含气区。与盆地内部不同的是，盆缘过渡带天然气成藏基本地质特征具四大特色，构造特征上表现为从南部盆内平缓斜坡区向北部盆缘隆起区过渡,古生界由南向北逐渐超覆尖灭;沉积特征上具有由北部近物源陡坡区冲积扇沉积向南部较远物源缓坡区辫状河沉积过渡的特点;烃源岩展布特征具有由盆内大型生烃中心向盆缘烃源岩逐渐减薄至缺失过渡的特点;成藏模式具有由盆内岩性成藏单一模式向盆缘多因素复合成藏过渡的特点。受盆缘过渡带特色构造、沉积条件的控制,成藏要素的差异化配置明显,油气成藏条件复杂,加之叠加成藏后期持续且强烈的构造活动,造成本区气水关系的复杂性,与盆内源储紧邻、大面积分布的致密砂岩气藏有显著差异,主要表现为:致密与低渗储层共存,孔隙与微裂缝共存,气层、气水层与水层共存,气水性质与分布关系复杂,浮力作用与非浮力作用共存,岩性气藏、构造气藏及复合气藏共存,准连续气聚集与非连续气聚集共存,源内及源侧烃源、储层、保存、圈闭及充注动力与阻力等条件亦有明显变化,上述原因导致此类盆缘过渡带内不同类型气藏天然气成藏主控因素、成藏模式及富集规律各异。

杭锦旗地区东胜气田的发现实现了鄂尔多斯盆地致密砂岩气藏勘探领域从盆内到盆缘的拓展,标志着鄂尔多斯盆地北部盆缘过渡带致密砂岩气藏勘探的成功。本书主体内容来源于中国石化华北油气分公司承担的项目群"鄂尔多斯盆地大中型气田目标评价与勘探关键技术"成果,目的在于总结鄂尔多斯盆地北缘杭锦旗地区取得的勘探开发成果与认识,为同类型油气藏的勘探开发提供借鉴,从而推动盆地边缘复杂类型油气藏的勘探开发。主要成果进一步深化认识了盆缘过渡带大面积低丰度背景下大中型致密岩性气藏成藏富集机理及规律,创建了成藏富集模式,它的出版必将推动并提高该地区盆缘过渡性致密砂岩气的勘探开发效率,同时可极大地丰富致密-低渗油气的成藏理论。

本书共六章。第一章由何发岐、唐大卿、张威编写,第二章由齐荣、何发岐、唐大卿、安川编写,第三章由陆永潮、齐荣、马奔奔、范玲玲编写,第四章由张威、曹强、李春堂、刘一茗编写,第五章由张威、叶加仁、曹强、刘一茗编写,第六章由何发岐、陆永潮、叶加仁编写;最后由何发岐、陆永潮全文统稿与定稿。书稿撰写过程中,适逢母校建校70周年志庆,谨以此心血化为寿礼祝母校基业长青、人才辈出,为国家能源安全贡献智慧、贡献人才。

本书所引用的东胜气田勘探开发资料截至2021年底。

笔者

2022年6月

目 录

第一章 盆地北部构造演化与隆坳分异 (1)
 第一节 构造演化 (2)
 第二节 地层发育与生储盖组合 (5)
 第三节 区域动力特征分析 (7)

第二章 盆缘过渡带构造特征 (16)
 第一节 盆缘过渡带构造单元划分 (16)
 第二节 盆缘过渡带断裂构造类型及特征 (18)
 第三节 断裂控圈-控储-控藏作用 (28)

第三章 盆缘过渡带沉积与储层特征 (40)
 第一节 "源-汇"系统特征 (40)
 第二节 "源-汇"约束的沉积储层特征 (43)
 第三节 不同井区典型气藏储层非均质性特征 (57)
 第四节 不同井区典型气藏甜点储层评价与预测 (64)

第四章 天然气运聚动力学机制 (73)
 第一节 烃源岩特征及天然气成因 (73)
 第二节 储层致密化与天然气充注时序关系 (89)
 第三节 天然气充注动力-阻力演化 (103)
 第四节 天然气运聚动力学条件及过程 (117)

第五章 气水赋存机理 (125)
 第一节 气水层识别与空间分布 (125)
 第二节 地层水地球化学特征 (131)
 第三节 不同级别储层气水赋存机理 (137)

第六章 天然气成藏富集规律及模式 (144)
 第一节 不同类型气藏分布及评价 (144)
 第二节 天然气差异成藏富集主控因素与规律 (147)
 第三节 天然气成藏富集模式 (151)

参考文献 (155)

第一章　盆地北部构造演化与隆坳分异

鄂尔多斯盆地是发育于华北克拉通古老基底之上的一个典型叠加复合盆地，杭锦旗地区位于鄂尔多斯盆地北部，横跨伊盟隆起、伊陕斜坡和天环坳陷3个一级构造单元（图1-1）。该区经历了多期构造演化过程，具有复杂的动力背景，发育太古宇、元古宇基底地层，其上不整合覆盖了下奥陶统、石炭系、二叠系、三叠系、侏罗系、白垩系和第四系。目前主要勘探层系为上古生界。

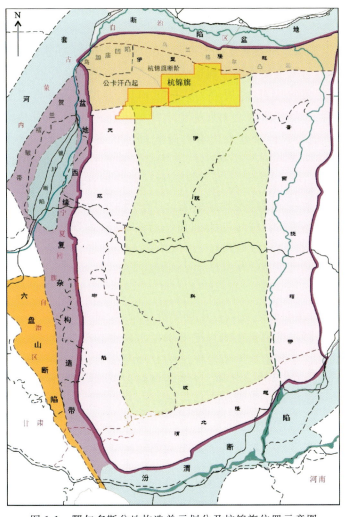

图1-1　鄂尔多斯盆地构造单元划分及杭锦旗位置示意图

第一节 构造演化

杭锦旗地区构造演化与鄂尔多斯盆地所经历的多期多方向区域应力场转变及盆缘边界条件等密切相关。下面结合鄂尔多斯盆地前海西期、海西期、印支期、燕山期和喜马拉雅期的区域动力背景对该区构造演化作具体分析。

一、前海西期

中元古代,鄂尔多斯周缘地区形成陆内拗拉槽,鄂尔多斯地区多为台向斜,但在小型拗拉槽伸向台向斜部位,多以单边断陷构造类型存在,陷内发育海相碳酸盐岩或碎屑岩。杭锦旗地区北部中元古代时期为持续性隆起,围绕太古宇古隆起沉积了广覆型中元古界海相砂岩,具有轻变质性质,俗称"石英岩状砂岩",目前该地区内尚未有钻井钻穿这种类型的沉积岩。在杭锦旗地区西部 J(锦)58 井区西侧,发育北西向单边断陷——独贵裂陷槽,推测是杭锦旗地区北西方向乌加庙凹陷伸向台向斜的末端部分。该裂陷槽内断裂构造十分发育,断裂构造样式以反向断阶为主,后期经历多期改造。

早古生代对应于鄂尔多斯盆地克拉通拗陷与边缘沉降阶段,鄂尔多斯地区南缘和西缘主要为秦祁地槽活动区,北缘主要为阴山地槽活动区,鄂尔多斯地区受其影响,表现为整体抬升或沉降,沉积了以海相碳酸盐岩、碎屑岩为主的沉积物,地层间为整合或平行不整合接触关系。晋宁运动发生后,鄂尔多斯盆地表现为稳定的整体升降运动,在陆块内部形成典型的克拉通拗陷。该时期伊盟隆起处于盆地边缘古隆起剥蚀状态,经历了早古生代强烈的风化剥蚀,杭锦旗地区北部成为剥蚀最严重的地区,多数地区缺失了新元古代至早古生代沉积地层,同时风化剥蚀作用也造成了基底形态复杂的地形特征。综合杭锦旗地区泊尔江海子断裂两侧地层发育情况、基底起伏多变的不规则形态及 T9c 界面以下的一系列隐伏断裂发育特征分析认为,早古生代可能是泊尔江海子断裂的初始形成期,断裂开始发育并对早古生代地层产生了一定的控制作用。

二、海西期

由鄂尔多斯盆地海西期的区域动力背景分析可见,加里东运动之后,鄂尔多斯盆地结束了早古生代克拉通内拗陷、克拉通边缘拗陷和贺兰再生拗拉槽 3 个原型盆地的发育历史(李江涛,1997),北缘在晚古生代盆地原型发育过程中,始终处于克拉通拗陷北部,特定的构造位置决定了该区地层长期以来的北高南低、北薄南厚特点,也是本区在继承前期古构造格局上的进一步发展,杭锦旗地区整体上以统一的广覆型面貌出现,前期的隆拗格局差异逐渐消失,其北部隆起区也整体下沉并缓慢接受沉积。

海西运动早期,鄂尔多斯盆地继承了加里东期的碰撞抬升,并一直持续到晚石炭世。海西运动中期,祁秦海槽、兴蒙海槽、贺兰拗拉槽再度复活,鄂尔多斯地块随之发生区域性沉降,并开始接受沉积,沉积了太原组。

山西组沉积晚期,北部构造活动日趋稳定,物源供给减少,盆地进入相对稳定的沉降阶段,并发生较大规模海(湖)侵。而到了下石盒子组沉积期,盆地北部构造活动再次加强,古陆进一步抬升,南北向坡度增大,沉积体系向南推进;在该组沉积末期,发生了一期强烈挤压事件,使得早期形成的地层发生明显褶皱变形或产生断裂活动,地震剖面上可见 T9e 界面下部地层褶皱变相非常明显,部分地区发生挤压冲断作用。该期挤压事件还导致了 J56 井区早期因深部地质作用形成的杂乱分布的高角度正断层遭受挤压改造,倾角变得更加直立并具有明显挤压改造特征,T9e 界面下部地层褶皱非常明显,该期构造运动使得 J56 井区构造样式基本定型。

三、印支期

由鄂尔多斯地区印支期的区域动力背景分析可见,印支期的应力场与中特提斯构造演化有关。特提斯洋在海西期后打开,中国大陆主体从古亚洲洋构造域向特提斯-古太平洋构造域转变,并受控于古特提斯构造域。华北板块处在西伯利亚板块和扬子板块的南北挤压构造格局之中,主要在鄂尔多斯盆地中北部产生了轴迹近南北向的挤压构造应力场。该阶段杭锦旗地区总体处于相对稳定的沉积构造环境。印支运动早幕是海西期地壳变动的延续,中、下三叠统连续沉积在上二叠统之上,并进一步向大陆沉积体制方面转化。中三叠世末的印支运动在鄂尔多斯地区南部产生强烈挤压,但对研究区的影响并不明显。该阶段鄂尔多斯盆地北缘处于不对称坳陷的北部缓坡部位,仍然继承了前期克拉通盆地北部斜坡的构造面貌,沉积了较厚的三叠纪地层。

四、燕山期

燕山期为杭锦旗地区构造变形关键期。鄂尔多斯盆地燕山期古构造变形的动力源主要来自盆地东部,特别是晚侏罗世,库拉-太平洋板块与欧亚板块斜向碰撞加强,导致鄂尔多斯盆地以东的中国东部地区发生强烈构造变形和抬升。斜向碰撞的挤压分量作用于杭锦旗地区,进一步形成以北西向为挤压方向的构造应力场。盆地西南缘由于拉萨地块与已处于欧亚大陆边缘的羌塘地块碰撞产生的远程效应,使得盆地西南缘处于北东-南西向的挤压应力状态,导致西缘冲断带南段的形成和发育。这种构造作用在鄂尔多斯盆地燕山期构造演化中居次要地位,而东部为主要的挤压应力来源。此外,该时期兴蒙褶皱带向南推挤产生的自北向南的推挤力,成为盆地北部边界力学条件。

在上述区域动力作用下,早、中侏罗世盆地总体表现为西北侧沉积厚,东南部沉积细而薄的特点。杭锦旗地区沉积普遍较厚,且东高西低是该区早侏罗世的主要构造特点。到延安组沉积末期,该区发生了较强的区域性挤压事件,造成延安组顶面不整合、地层褶皱明显,泊尔江海子等大型断裂发生逆冲活动并形成局部隆起,地震剖面上可见直罗组在泊尔江海子断裂逆冲盘的延安组顶面上超,而且部分断裂向上终止于延安组顶面,均为该期挤压构造事件的反映。

中侏罗世末,随着周边板块活动的加强,鄂尔多斯周缘褶皱冲断及逆冲推覆活动达到高潮,形成盆地的镶边构造。杭锦旗地区也因此遭受强烈挤压,处于双向挤压应力背景,即同时遭受来自西北方向和东南方向的挤压作用。前者导致泊尔江海子断裂的强烈逆冲,而且由早期的"5段式"递进扩展并彼此相连、叠置或接近,基本形成现今断裂构造格局;后者导致了李家渠-掌岗图西断裂的发育和强烈活动,形成两大断裂在平面上呈"喇叭口"形斜向对冲的构造格局,并在苏布尔噶断裂及其东北地带这一由两大断裂所夹持的狭窄地带,发育了数条与挤压应力方向基本平行的具有调节作用的压扭性断裂,包括柴登断裂等。该期构造运动在杭锦旗地区非常强烈,除形成一系列逆冲断裂外,地层褶皱变形和抬升剥蚀也很强烈,并在安定组顶面形成非常明显的区域性角度不整合,地震剖面可见该角度不整合界面上下分别呈现出清晰的削截和上超现象(图1-2)。

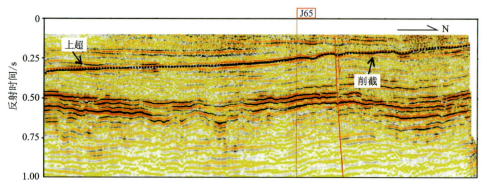

图1-2 泊尔江海子断裂西段典型构造特征剖面图(SLJH工区 Trace5589)

早白垩世,鄂尔多斯盆地仍呈南北向,东翼宽缓、西翼陡窄,盆地受南北向和东西向构造控制,地层呈环状分布,形成明显的环状构造。盆地边缘褶皱断裂发育,广大盆地内部基本为西倾大单斜。盆缘向盆内构成了由高到低,由断褶带到挠褶带再到平缓西倾单斜背景上分布微弱鼻状构造。在上述大构造背景下,杭锦旗地区为一大型宽缓斜坡,沉积了最厚达数百米的下白垩统志丹群,地层呈楔形展布,具有西南厚、东北薄的特征,且上超现象非常明显。此外,该套地层的地震反射特征清晰,同相轴好,比较平缓,且连续性好,局部地区因后期构造运动而破裂,形成高角度断层。早白垩世末的燕山晚幕构造运动,使鄂尔多斯地区整体抬升,现今的盆地构造格局基本形成。

五、喜马拉雅期

喜马拉雅期为杭锦旗地区构造改造和定型期。进入新生代以来,太平洋板块向亚洲大陆东部之下俯冲,产生了弧后扩张作用,同时印度板块与亚洲大陆南部碰撞并向北强烈推挤,使中国东西部之间产生了近南北向的右行剪切应力场,导致鄂尔多斯盆地喜马拉雅期的构造变形。在上述区域动力背景下,杭锦旗地区形成右旋张扭应力场特征,而在什股壕、阿镇等块体右行旋转的同时,其右旋前锋局部地区产生压扭,如泊尔江海子断裂东部局部地区和掌岗图西断裂。在上述复杂运动学和动力学背景下,喜马拉雅期杭锦旗地区形成了比较丰富复杂的断裂构造体系。

杭锦旗地区盆缘过渡带喜马拉雅期形成的张性或张扭性正断层中,既有新生正断层发育,又有泊尔江海子断裂、苏布尔嘎断裂、李家渠断裂等早期大断裂的反转活动。其中,新生张性或张扭性正断层在平面上主要分布在什股壕地区西北角的J45井和J97井之间的地带、泊尔江海子断裂中西段的北侧、李家渠断裂北段以及J76井区,断裂平面展布具有明显雁列或斜列式特征,揭示该期断裂活动具有明显的张扭动力背景,形成沿泊尔江海子断裂带中西段—苏布尔嘎断裂—李家渠断裂带北段"Z"字形彼此关联的右旋张扭断裂构造带。而在什股壕、阿镇等块体右行旋转的同时,其右旋前锋局部地区产生压扭,如泊尔江海子断裂东部局部地区和掌岗图西断裂,形成上述地层的挤压褶皱或压扭性逆冲断层。上述丰富复杂的张扭和压扭断裂体系发育机制符合走滑(扭动)构造相关理论,是杭锦旗地区多方向力源作用形成的旋扭动力背景下沿大型断裂带发生分带及分段差异构造变形的典型产物。

第二节 地层发育与生储盖组合

杭锦旗地区发育太古宇、元古宇基底地层,其上不整合覆盖了下奥陶统马家沟组,石炭系太原组,二叠系山西组、下石盒子组、上石盒子组和石千峰组,三叠系刘家沟组、和尚沟组、二马营组和延长组,侏罗系延安组、直罗组、安定组,白垩系志丹群和第四系。目前主要勘探层系为上古生界(表1-1)。

一、太原组

太原组主要分布在泊尔江海子断裂以南地区,厚度为45~65m,是在加里东古风化壳侵蚀面上发育的海陆交互相沉积,其底界与下古生界不同层位碳酸盐岩、中元古界浅变质岩及太古宇深变质岩接触,岩性以石英砂岩与暗色泥岩互层、中上部夹碳质泥岩和煤层为特点。砂岩成分以石英为主,洁净,分选性和磨圆度较好,正粒序特征显著,局部夹细砾层,主要为硅质-钙质胶结,含海相蜓类、腕足类化石,偶夹微晶灰岩。由于所处微相区不同,太原组砂岩不发育,而有煤系、泥质岩较为发育的岩性组合。太原组基本发育两个正沉积旋回,在岩性和电性上均有较明显的反映,但上部旋回的砂岩发育程度低于下部旋回的砂岩发育程度。

太原组电性特征主要为高—低电位、高—低伽马组合,电阻率常以高阻—特高阻为特点。太原组顶部普遍发育煤层或碳质泥岩夹薄煤层,具有横向连续稳定分布的特点,是地层划分对比标志层。

二、山西组

山西组除公卡汗、浩绕召、乌兰格尔及个别小型局部的古隆起未有沉积外,杭锦旗地区皆有分布,厚度为80~110m,是一套冲积平原上的河流-沼泽沉积,呈正旋回沉积序列。岩性主要为浅灰、灰、灰褐色块状砂岩及灰黑、深灰色泥岩、粉砂质岩及碳质泥岩不等厚互层,中、上部夹煤线及煤层。砂岩主要分布于层序底部和中、下部,粒度下粗上细,正旋回特征明显,富含白云母和高岭石胶结物。

山西组上部煤层间夹碳质泥岩、暗色泥岩,且较发育,区域上分布稳定,具有较强的地层-时间单元性质,在钻井剖面和测井曲线上,与上覆下石盒子组河道相沉积砂岩极易识别与划分,成为地层划分对比的良好区域性标志。山西组底部具冲刷特征的河道相砂岩,与下伏太原组顶部煤层易划分。山西组电性特征主要显示低电位、低伽马及高阻—特高阻。

表 1-1 鄂尔多斯盆地北部上古生界各组段划分及地层对比特征综合表

地层				沉积特征		
界	系	统	组	厚度/m	与下伏地层分界标志	岩性组合	电性特征
上古生界	二叠系	上二叠统	石千峰组 (P_2sh)	220~280	大段正旋回砂组底界	紫红、棕红和紫灰色的厚层泥质砂岩及砂质泥岩不等厚的互层,夹泥灰岩薄层和铁钙结核	上部低电阻,中部高伽马,中下部为大段高阻、低伽马,底部为低电位
			上石盒子组 (P_2s)	125~180	大段泥岩组合底部	紫棕、棕褐、紫灰及灰黑色厚层泥岩粉砂岩夹少量中—薄层灰白—灰绿色细砂岩,黏土岩和凝灰质砂岩薄层	大段中高伽马,中高电位及低电阻,底部砂岩电阻较高
		下二叠统	下石盒子组 (P_1x)	120~140	灰岩段以上主砂层底面	灰白色及浅灰色块状含砾粗砂岩、中—细砂岩与灰黑色泥岩、碳质泥岩、煤层、煤线的不等互层,砂岩富含白云母	大段低电位,低伽马及高阻和特高阻,下部泥岩电阻常高于砂岩电阻
			山西组 (P_1s)	80~110	灰岩段以上主砂层底面	灰白色及浅灰色块状含砾粗砂岩、中—细砂岩与灰黑色泥岩、碳质泥岩、煤层、煤线的不等厚互层,砂岩富含白云母	大段低电位,低伽马及高阻—特高阻,下部泥岩电阻常高于砂岩电阻
	石炭系	上石炭统	太原组 (C_2t)	45~65	下伏铝土岩组合顶面	灰白、浅灰块状含砾石英砂岩,灰黑、深灰色泥岩、碳质泥岩、煤层的不等厚互层,中上部常夹微晶灰岩,常见黄铁矿结核及菱铁矿薄层	高—低电位与高—低伽马组合,电阻率以高阻—特高阻为特点,部分泥岩电阻高于砂岩电阻

三、下石盒子组

下石盒子组除杭锦旗地区西部的公卡汗、浩绕召无沉积外,其余地区皆有分布,厚度为 120~140m,是一套以粗碎屑沉积为主的冲积平原河流沉积体系。岩性主要以砂质岩为主,夹少量泥质岩,正旋回性特征明显,偶见碳质泥岩或煤线。下石盒子组依据岩性组合和沉积旋回,又可分为3个岩性段,自下而上分别命名为盒一段、盒二段和盒三段。每个岩性段次一级正旋回性亦较明显,粒度下粗上细,尤其是盒一段底部砂岩中常含细砾,并作为岩性段划分对比的标志。盒一段河流沉积特征明显,砂体发育且相互叠置,层序厚度普遍较大,盒二段、盒三段砂体发育规模及层序厚度一般相对较小,且向上泥岩比例逐渐增多,砂岩比例逐渐减少,甚至无明显单层砂岩。

下石盒子组电性以低电位、低伽马及高电阻为特点。底部具冲刷特征的大段厚层块状砂岩成为公认的地层分界及横向对比标志层,极易与下伏山西组地层划分;根据下石盒子组上部厚层泥质岩与上覆上石盒子组底部砂岩予以划分。

四、上石盒子组

上石盒子组除公卡汗未有沉积外,杭锦旗地区皆有分布,厚度为125～180m。岩性主要以砂岩和泥岩为主,互层分布,泥岩与砂岩相互交错出露,为紫红色砂质泥岩、黄绿色中粒砂岩、黄绿色厚层中粒砂岩、紫红色泥岩砂砾岩。

五、石千峰组

石千峰组与上石盒子组相似,除公卡汗凸起外,杭锦旗地区皆有分布,地层厚220～280m,向南有增厚趋势,局部可达330m以上。岩性以暗红色泥岩与肉红色砂岩互层为主,底部砂岩在测井曲线上呈箱状特征,多呈厚层块状构造;泥岩也多以块状构造为主,层理不明显。

第三节 区域动力特征分析

现今的鄂尔多斯盆地构造形态总体上呈东翼宽缓、西翼陡窄的不对称大向斜南北向盆地。盆地边缘断裂和褶皱比较发育,对盆缘地区沉积构造特征及其演化具有关键控制作用,而盆地内部构造相对简单,地层平缓。在大地构造位置上,鄂尔多斯盆地位于华北克拉通古老基底之上,大体上经历了6个沉积-构造演化阶段:太古宙末至古元古代结晶基底形成、中—新元古代至奥陶纪稳定大陆边缘沉积、加里东晚期祁连山造山运动、晚古生代—中生代早期海陆交替、中生代逆冲推覆、新生代挤压扭动和拉分断陷,是一个典型的叠加复合盆地。

鄂尔多斯盆地北缘发育的地层主要为上古生界和中生界,此外,在山西组(T9c界面)以下残留了少量早古生代及元古宙残留地层。综合研究表明,早古生代期间,鄂尔多斯地区南、西缘主要为秦祁地槽,北缘主要为阴山地槽活动区,鄂尔多斯地区受其影响,表现为整体抬升或沉降,沉积了以海相碳酸盐岩、碎屑岩为主的沉积物,地层间为整合或平行不整合接触关系。在此期间杭锦旗北部位于伊盟北部隆起,南部主要位于伊陕斜坡两个次级构造单元。这两个次级构造单元之间的界线大致位于泊尔江海子断裂—三眼井断裂连线一带,该特征反映出泊尔江海子断裂在加里东期可能就有一定程度的活动并对沉积具有控制作用。

综上所述,杭锦旗地区主要成盆期的沉积构造演化是在加里东运动形成的古构造格局基础上发育而来的,其构造演化阶段主要经历了前海西期、海西期、印支期、燕山期和喜马拉雅期构造旋回(徐黎明等,2006;张义楷等,2006;薛会等,2009a;赵振宇等,2012),其中喜马拉雅运动主要表现为调整改造作用。下面综合杭锦旗地区的沉积构造特征和前期研究成果,对鄂尔多斯盆地及其北缘中新元古代以来的区域动力背景作分析和探讨。

一、前海西期区域动力背景

中元古代,鄂尔多斯周缘地区形成陆内拗拉槽,鄂尔多斯地区多为台向斜,但在小型拗拉槽伸向台向斜部位,多以"单边断裂陷"构造形式存在。杭锦旗地区西部发育有北西向的单边断裂陷,推测是杭锦旗地区北西方向乌加庙凹陷伸向台向斜的末端部分(图1-3)。该"单边断裂陷"边部的锦13井钻探成果表明,中元古界厚1338.00m,岩性主要为一套棕色砂泥岩夹灰白色石英砂岩,与桌子山、贺兰山地区中元古界下部层位的岩性较为相似。

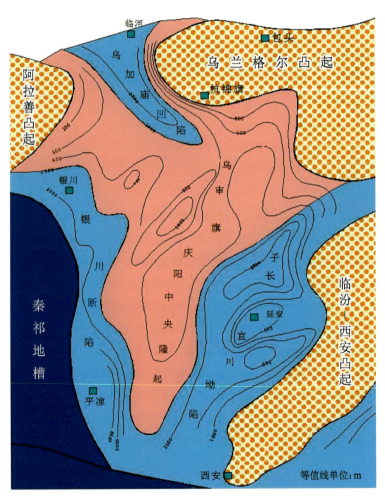

图1-3 鄂尔多斯中元古代构造示意图

二、海西期区域动力背景

对于海西期鄂尔多斯盆地的区域动力背景和盆地演化特征,前人开展了一系列的研究并取得了丰硕成果(李江涛,1997;杨华等,2006;杨遂正等,2006;赵振宇等,2012)。经研究认为,加里东运动之后,鄂尔多斯盆地结束了早古生代克拉通内坳陷、克拉通边缘坳陷和贺兰再生拗拉槽3个原型盆地的发育历史。在此宏观构造背景下,晚古生代盆地原型及其充填方式也截然不同。由于鄂尔多斯盆地北缘在晚古生代盆地原型发育过程中处于克拉通坳陷北部,特定的构造位置决定了该区长期以来均为北高南低、北薄南厚的特点,研究区整体上以统一的广覆型面貌出现,前期的隆坳格局差异逐渐消失,区内北部隆起区也整体下沉接受缓慢沉积。

赵振宇等(2012)对鄂尔多斯盆地海西、印支、燕山和喜马拉雅期构造运动的动力背景及沉积充填特征进行了系统研究,认为在海西运动早期,鄂尔多斯盆地继承了加里东期的碰撞抬升,并一直持续到晚石炭世,地层缺失志留系—下石炭统。海西运动中期,祁秦海槽、兴蒙海槽、贺兰拗拉槽再度复活,鄂尔多斯地块随之发生区域性沉降,并开始接受沉积。晚石炭世本溪组沉积期,盆地内部延续了早期隆坳相间的古地理格局,中央发育近南北向"哑铃状"古隆起,并分割了东西两侧的华北海和祁连海。本溪组沉积晚期,兴蒙海槽向南俯冲消减,包括鄂尔多斯盆地在内的华北地台由南隆北倾转变为北隆南倾,华北海与祁连海沿中央古隆起北部局部连通。太原期,随着盆地区域性沉降持续,海水从东西两侧侵入,致使中央古隆起没于水下,并形成了统一的广阔海域。山西组沉积期,鄂尔多斯盆地周边海槽不再拉张,转而进入消减期。晚二叠世,北部兴蒙洋因西伯利亚板块与华北板块对接而消亡,南部秦祁洋则再度向北俯冲而消减,至晚三叠世闭合。由于受南北两侧大洋相向俯冲影响,华北地台整体抬升,海水从盆地东西两侧迅速退出,区域构造环境与古地理格局发生显著变化,早期的南北向中央古隆起和盆内隆坳相间的沉积格局消失,沉积环境由海相渐变为海陆过渡相,古地貌表现为北高南低,北缓南陡,并一直持续至晚三叠世。山西组沉积早期是海盆向近海湖盆转化的过渡时期,区域构造活动强烈,海水从盆地东西两侧退出,北部物源区快速隆升,成为主要物源区。山西组沉积晚期,北部构造活动日趋稳定,物源供给减少,盆地进入相对稳定的沉降阶段,并发生较大规模海(湖)侵,三角洲体系向北收缩,沉积相带北移。下石盒子组沉积期,盆地北部构造活动再次加强,古陆进一步抬升,南北向坡度增大,冲击扇-河流-三角洲体系向南推进。至上石盒子组沉积期,北部构造抬升减弱,冲击体系萎缩,而南部构造抬升作用增强,三角洲沉积体系向北收缩。晚二叠世石千峰组沉积期,北部兴蒙洋与西部贺兰拗拉槽关闭、隆升,南部秦祁洋俯冲消减作用强烈,导致华北地台整体抬升,海水自此退出鄂尔多斯,盆地演变为内陆湖盆。

三、印支期区域动力背景

鄂尔多斯地区的印支旋回应力场与中特提斯构造演化有关。但由于羌塘地块向北与柴达木地块的碰撞和松潘-甘孜印支褶皱带的形成,由此所产生的巨大的向北或北东向的挤压应力,作用于鄂尔多斯地块西南部,产生了北东-南西向的挤压应力场,而处于南北挤压状态的阿拉善刚性地块向东滑移挤压和逃逸,导致在鄂尔多斯西北缘产生了北西-南东向挤压应力场(图1-4)。

印支运动早幕是海西期地壳变动的延续,中、下三叠统连续沉积在上二叠统之上,并进一步向大陆沉积体制方面转化。中三叠世末的印支运动在鄂尔多斯地区特别是南部,地质演化历程中具有划时代的意义。随着秦岭海槽的封闭,秦岭北缘发生向华北古板块的构造侵位,导致盆地南部近造山带的地区快速下沉,形成了北缓南陡的不对称坳陷轮廓,造就了晚三叠世鄂尔多斯地区类前陆盆地具有非补偿性同造山期沉积的特点(党犇,2003)。

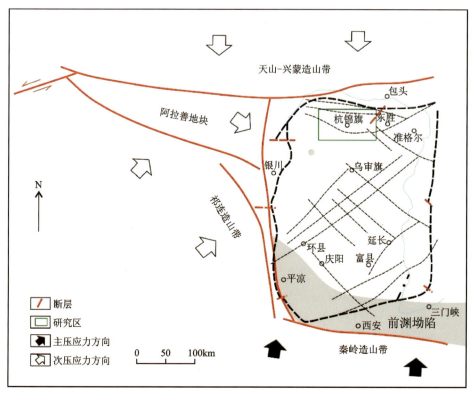

图 1-4　鄂尔多斯盆地及邻区印支期区域构造背景纲要图

印支期盆地北缘处于不对称坳陷的北部缓坡部位,仍然继承了前期克拉通盆地北部斜坡的构造面貌。由于华北板块处在西伯利亚板块和扬子板块的南北挤压构造格局之中,在鄂尔多斯盆地中北部包括杭锦旗地区在内形成挤压应力轴迹为近南北向的构造应力场(图 1-5)。

四、燕山期区域动力背景

鄂尔多斯盆地燕山期古构造变形的动力源自盆地东部,在华北板块东部,库拉板块转向西北俯冲,到晚侏罗世,库拉-太平洋板块与欧亚板块斜向碰撞加强,导致鄂尔多斯盆地以东的中国东部地区发生强烈构造变形和抬升。这种斜向碰撞的挤压分量作用于研究区,进一步形成以北西向为挤压方向的构造应力场(图 1-6、图 1-7)。而在盆地西南侧,中特提斯洋从早侏罗世迅速扩张,推动羌塘地块等进一步向华北板块挤入,使得祁连、阿拉善地块向东挤出,造成鄂尔多斯盆地西缘的贺兰山一带出现南北向褶皱。在盆地西南缘由于拉萨地块与已处于欧亚大陆边缘的羌塘地块碰撞产生的远程构造效应,使得盆地西南缘处于北东-南西向的挤压应力状态,即通过秦岭-祁连褶皱带作用于盆地西南缘,导致西缘冲断带南段的形成和发育。

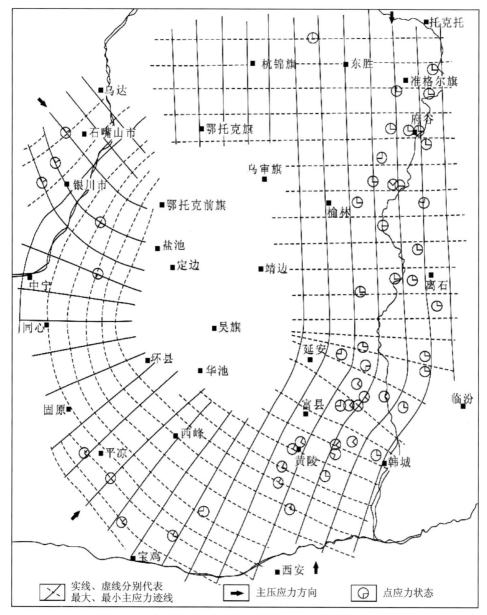

图 1-5　鄂尔多斯盆地印支期构造应力场图（据党犇，2003）

印支期后，随着扬子、秦岭、华北三者之间的拉张、洋壳俯冲与陆壳碰撞造山的板块间构造活动的结束和中国板块的形成，中特提斯、太平洋板块与欧亚板块相互作用逐渐增强（李江涛，1997）。另一方面，中国板块内部的秦岭构造带也并不是进入构造平静时期，而是处于一个新的构造活动时期，特别是燕山期构造活动突出而强烈，在这些因素的共同作用下，造成了晚三叠世类前陆盆地在燕山期沉降，沉积中心不断向北西迁移，盆地规模也逐渐缩小。早、中侏罗世盆地总体上西北侧沉积厚，东南部沉积细而薄。杭锦旗地区普遍沉积较厚，且东高、西低是本区早侏罗世的主要构造特点。

在晚侏罗世—早白垩世时期，于盆地西缘逆冲挤压的前缘形成南北向坳陷，造成东高西

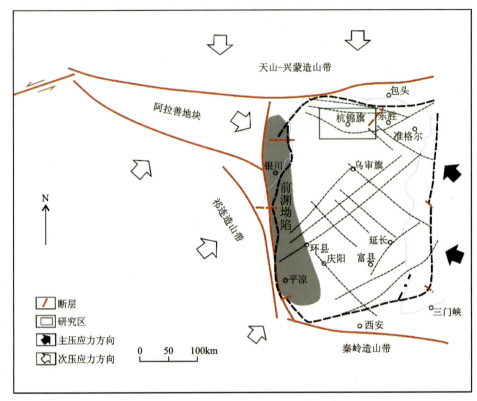

图 1-6 鄂尔多斯盆地及邻区燕山期区域构造背景纲要图

低的构造面貌,其东缓西陡的构造形态为该阶段坳陷的主要特点,并成为中生代类前陆盆地迁移的终点和现今构造面貌的雏形。此时杭锦旗地区处于这一南北向坳陷东部,东高西低、东缓西陡是其主要特点。早白垩世末的燕山晚期构造运动,使鄂尔多斯地区整体抬升。

五、喜马拉雅期区域动力背景

新生代以来,由于太平洋板块向亚洲大陆东部之下俯冲,产生了弧后扩张作用,同时印度板块与亚洲大陆南部碰撞并向北强烈推挤,使中国东西部之间产生了近南北向的右行剪切应力场(图1-8)。因此,鄂尔多斯盆地喜马拉雅期的构造变形是来自西南方向的挤压应力以及近南北向右行剪切所派生的北东-南西向挤压应力和北西-南东向拉张应力联合作用下形成的(党犇,2003),该期构造运动导致盆地东部相对隆升,而周边地区却相继断陷,形成一系列呈雁列展布的地堑,如银川地堑、渭河地堑都是在这一时期形成的(图1-9)。新特提斯构造动力体系和今太平洋构造动力体系的联合作用是鄂尔多斯盆地喜马拉雅期构造应力场形成的区域构造背景。喜马拉雅期最主要的区域构造事件是印度板块与欧亚板块的碰撞以及碰撞期后的陆内俯冲。这种构造作用的远距离效应使得鄂尔多斯西南缘的祁连褶皱带大幅度向北东方向逆冲于鄂尔多斯地块之上。这种来自印度板块向北俯冲作用的远程挤压效应使得鄂尔多斯盆地西南缘处于强烈的北北东-南南西方向的挤压状态。另一个重要构造事件是今太平洋板块向西俯冲消减和中国东部沟弧-盆地体系的形成,使得包括鄂尔多斯盆地在内的

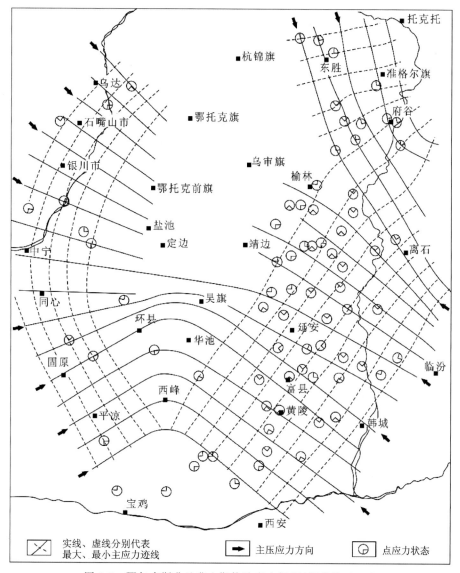

图1-7 鄂尔多斯盆地燕山期构造应力场图（据党犇,2003）

中国中东部地区不同程度地发生向东蠕散,导致银川地堑、河套地堑、汾渭地堑的形成,吕梁山、贺兰山相继转变成为由正断层控制的断块山。

中新世晚期,鄂尔多斯盆地结束了晚侏罗世以来一直表现的相对东隆西降的格局,发生跷跷板式反转。地块东部剥蚀终止而率先接受沉积,中新世末,临汾及其之北的山西地堑系内诸断陷开始发育,并快速沉降和沉积,与此同时,六盘山区、盆地西缘和西部等相继隆升。这一构造演化和区域地球动力学环境的重大转换,说明中国西部特别是青藏高原构造域对鄂尔多斯盆地的演化和改造非常显著。

上新世期间,鄂尔多斯盆地周缘地堑断陷作用加强、沉积范围和河湖相面积均达到最大,沉积和沉降速率较前明显增快。河套地堑的沉积范围向东、南隆起区扩展。渭河地堑沉积向南北边缘大面积超覆,此前一直遭剥蚀的西部宝鸡—眉县隆起区,开始沉降接受沉积。除西

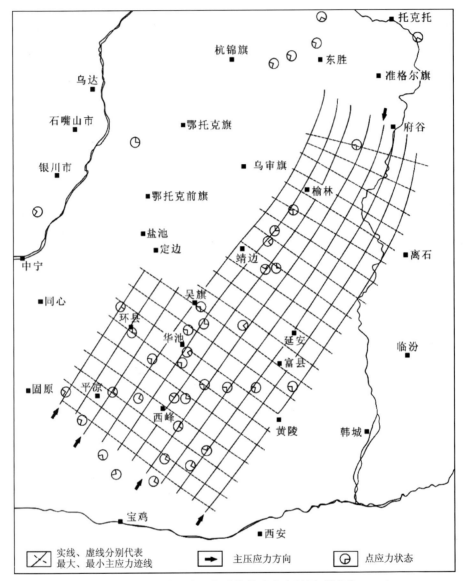

图 1-8 鄂尔多斯盆地喜马拉雅期构造应力场图（据党犇，2003）

北缘银川地堑外，周邻各地堑盆地上新世沉积速率均达新生代最高。

第四纪鄂尔多斯盆地基本继承上新世的构造格局，在鄂尔多斯地块及邻区，本期构造活动主要表现为断裂活动和构造地貌形成。断裂的力学性质主要表现为在西南缘以挤压或走滑挤压为主，而在周缘地堑则主要表现为伸展或走滑拉张。

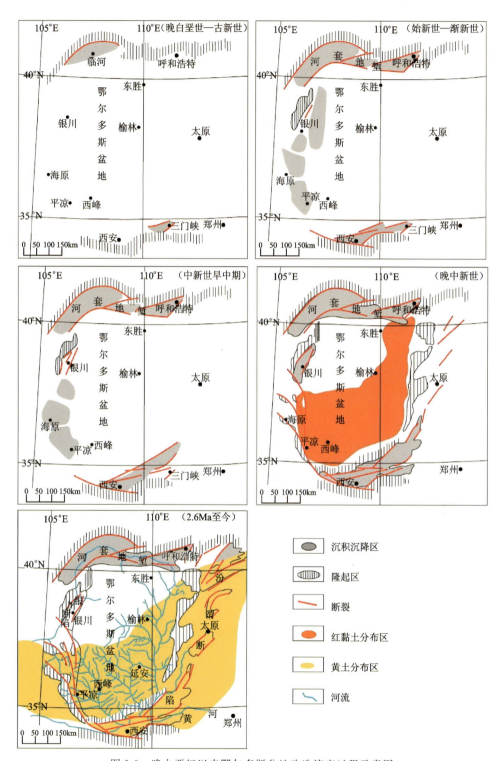

图 1-9 晚白垩纪以来鄂尔多斯盆地改造演变过程示意图

第二章　盆缘过渡带构造特征

杭锦旗地区经历了加里东、海西、印支、燕山和喜马拉雅等多期构造演化过程,构造特征复杂多样,呈现出南北分带、东西分段的隆坳格局和分区、分带、分段差异构造变形特征。该区断裂构造比较发育,早期形成的断裂受后期构造运动的影响而发生继承性活动或反转、改造,从而导致该区断裂构造特征及其演化比较复杂,对该区构造圈闭的发育及天然气运聚成藏产生重要影响。

第一节　盆缘过渡带构造单元划分

由图2-1可见,杭锦旗地区盆缘过渡带位于鄂尔多斯盆地北部,属于鄂尔多斯盆地二级构造单元伊盟隆起的一部分。伊盟隆起位于盆地北缘,与临河断陷、桌子山以断裂为界,南侧与天环坳陷、伊陕斜坡以坡折带相过渡,整体呈一向东收敛变窄的不规则三角形,西侧宽约115km,东西长约320km,轮廓面积约1.84×10^4 km^2。伊盟隆起为一继承性长期隆起,沉积盖层较薄,厚度小于3000m,缺失下古生界沉积,上古生界以不同层位超覆于下伏太古宇—中元古界之上。根据构造-沉积特征,伊盟隆起又可进一步划分为乌兰格尔凸起、杭锦旗断阶、公卡汗凸起和伊陕斜坡局部4个次级构造单元。根据杭锦旗地区沉积构造特征及油气勘探情况,可进一步划分出多个次级构造区带,包括公卡汗区带、浩绕召区带、什股壕区带、新召区带、乌兰吉林庙区带、十里加汗区带和阿镇区带。

一、乌兰格尔凸起

乌兰格尔凸起具有长期继承性隆起的特点,南以塔拉沟-牛家沟断裂为界。在乌兰格尔一带,白垩系直接覆盖太古宇。

二、杭锦旗断阶

南以泊尔江海子断裂为界,北至塔拉沟-牛家沟断裂,西至浩绕召地区中新元古代拗拉槽断层线。区内缺失中新元古界和下古生界;在太古宇—中元古界侵蚀面上,古潜丘广泛分布;上古生界披盖明显,形成许多局部隆起。太原组仅发育在泊尔江海子断裂北侧的较低部位。区内断层发育,大多走向北东、倾向北西,以断穿T9—T9d层位的逆断层为主。

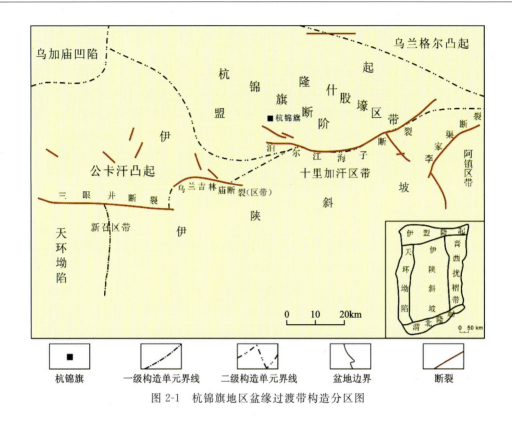

图 2-1 杭锦旗地区盆缘过渡带构造分区图

三、公卡汗凸起

公卡汗凸起位于杭锦旗地区中西部,南界为三眼井断裂及其走向趋势线和下古生界尖灭线,北东侧以浩绕召中新元古代坳拉槽边界断层为界。公卡汗凸起为中元古代—上石盒子时期的长期隆起区,古生界向北依次减薄直至尖灭,石千峰组在高部位直接覆盖中元古界。区内发育北西向、东西向断裂。

四、伊陕斜坡局部

伊陕斜坡位于盆地中东部,周缘以坡折带的样式与伊盟隆起、渭北隆起、天环坳陷、晋西挠褶带为邻,其东西长约280km,南北宽约450km,轮廓面积约 $12.9\times10^4\mathrm{km}^2$,约占盆地主体区域的一半,是盆地分布面积最大的构造单元,也是盆地油气最富集的区带。

伊陕斜坡在三叠系、侏罗系底界由东向西平均坡降 5~10m/km,整体呈一向西低缓坡度倾伏的大型斜坡构造带。斜坡带长期处于构造相对稳定环境,中大型断裂及褶皱构造均不发育,仅发育一些受区域扭动构造环境影响的陡直型细小断裂以及与煤、泥岩小范围层间挤滑作用形成的小面积、低幅度背斜、鼻状或挠曲构造。斜坡带在古生界早中期呈向东缓倾斜坡,在中部存在一洼地,三叠纪晚期伴随西缘前陆体系的发育,逐渐向西倾斜,形成现今整体向西缓倾的大型斜坡构造。

在地震剖面上,杭锦旗地区三眼井断裂、泊尔江海子断裂断穿太古宇基底及盖层,具有明显的基底断裂性质,并控制下古生界沉积。因此,伊陕斜坡的北界分别以三眼井断裂、泊尔江海子断裂及下古生界尖灭线为界。

第二节　盆缘过渡带断裂构造类型及特征

杭锦旗地区位于鄂尔多斯盆地北缘,该区在地史演化过程中经历了加里东、海西、印支、燕山和喜马拉雅等多期构造运动,断裂构造比较发育,断裂类型复杂多样并具有分期差异活动特征,早期形成的断裂受后期构造运动的影响而重新活动,从而使得本区断裂活动具有明显的继承性或反转等特征。本节将对研究区断裂构造类型作具体分析。

一、断裂分类原则及方案

断裂构造类型的划分方案有多种,主要划分依据包括断裂的力学性质、断裂规模、断裂活动期次或活动时期、断裂对盆地或洼陷等的控制作用、断裂断穿的层位等。根据研究区断裂发育特征,对其断裂构造类型的划分主要根据断裂的力学性质、断裂规模、断裂活动时期或活动期次几个方面:按力学特征可分为张性正断层、逆断层、走滑或扭动断层以及反转断层;按断裂发育规模分为一级、二级、三级和四级断裂;按活动时期分为前海西期、海西晚期、印支—燕山期和喜马拉雅期断裂;按断裂活动期次可划分为单期活动断裂和多期活动断裂(表2-1)。

表2-1　杭锦旗地区断裂构造类型划分表

断裂划分依据	断裂划分类型
力学特征	张性正断层、逆断层、走滑或扭动断层、反转断层
发育规模	一级:泊尔江海子断裂、乌兰吉林庙断裂、三眼井断裂 二级:苏布尔嘎、柴登、纳林沟、台吉召西、吴七渠等断裂 三级:延伸在2~10km的中小型断裂 四级:延伸小于2km的小型断裂
活动时期	前海西期、海西晚期、印支—燕山期、喜马拉雅期断裂
活动期次	单期活动断裂、多期活动断裂(继承或反转断裂)

1.按力学特征分类

1)张性正断层

张性正断层在杭锦旗地区大量发育,总体上具有明显的分期、分区差异活动特征,杭锦旗地区主要发育了三期特征明显的正断层活动。

第一期正断层活动时期为中新元古代,主要分布在独贵加汗西部的三叉裂陷槽,断裂数量多、倾角大、活动性强,剖面主要呈反向断阶构造样式(图2-2a)。该期断裂发育与华北板块和西伯利亚板块分离的构造背景相关,该时期鄂尔多斯盆地及周边区域发育大量拗拉槽,研究区该期正断层即是拗拉槽发育的产物,空间展布形态为向西北开口三叉形态,断裂走向与裂陷槽走向大体一致。

第二期正断层活动时期为太原组—山西组沉积期,因该期断裂活动强度较弱、断裂规模也比较小,前期缺乏对其深入分析和重视。尽管该期断裂活动强度较弱,但其断穿层位主要为勘探的目的层,而且断裂发育的数量多,因此对太原组、山西组及盒一段沉积和油气成藏具有重要影响。该期断裂构造在杭锦旗地区普遍发育(图2-3),特别是在J56井区和J102井区大量发育。此外早期在独贵三叉裂陷槽地区发育的正断层也有不同程度的活化,该期断裂规模较小且多成直立状,向上一般没有断穿T9d界面(图2-2b),在地震剖面上的组合特征呈小型地堑、地垒构造样式,结合断裂发育地区的地层变形特征分析表明,该期正断层在后期遭受了一定程度的挤压改造,盒一段沉积后期多数断裂停止活动。

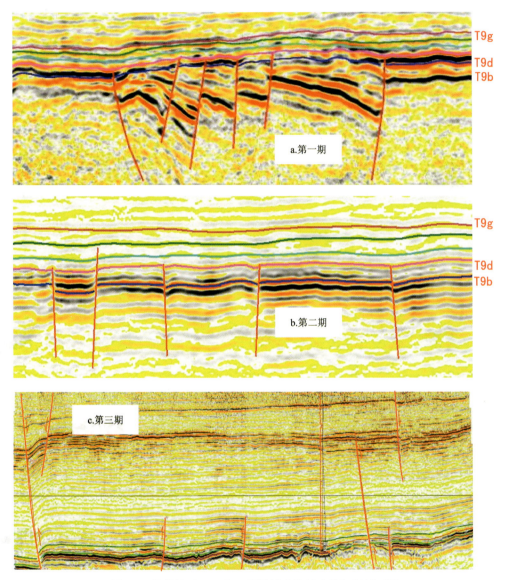

图 2-2 杭锦旗地区三期正断层活动特征地震解释剖面图

在J56井区,该期正断层平面展布比较杂乱,多呈不规则或蚯蚓状展布,部分呈弧形或近似环形特征。除台吉召西断裂规模较大外,多数断裂水平延伸距离较小。结合断裂发育特征及区域地质背景分析认为,该期断裂的成因可能是深部地质作用下发生区域性的拱张裂陷的结果,对本区天然气运聚成藏具有重要的控制作用。

第三期正断层活动主要发生在喜马拉雅运动中晚期,既有新生正断层发育,也有泊尔江海子、乌兰吉林庙、三眼井、苏布尔嘎、李家渠等早期大断裂的负反转活动(图2-2c)。在杭锦旗地区东部,新生张性或张扭性正断层在平面上主要分布在J45井和J97井之间、泊尔江海子断裂的北侧、李家渠断裂北段以及J76井区(图2-3)。断裂平面展布呈雁列或斜列式,揭示该期断裂活动具有明显的张扭动力背景,其成因与鄂尔多斯盆地该阶段的右旋张扭区域应力场密切相关,形成沿泊尔江海子断裂中西段—苏布尔嘎断裂—李家渠断裂北段的"Z"字形右旋张扭断裂构造带。

该期正断层主要为晚期新发育的浅层断裂,断裂倾角较陡,剖面上形成断阶、地堑、地垒等断裂构造样式。由于剖面顶部的地震资料缺失,影响了对该期断裂活动特征的分析,结合盆地区域动力背景及演化特征分析认为,该期断裂与鄂尔多斯盆地晚期的抬升-改造密切相关,特别是在新近纪晚期,青藏高原快速隆升与扩展,鄂尔多斯盆地发生右旋扭动,盆地周缘多个地区因应力松弛而出现构造反转。

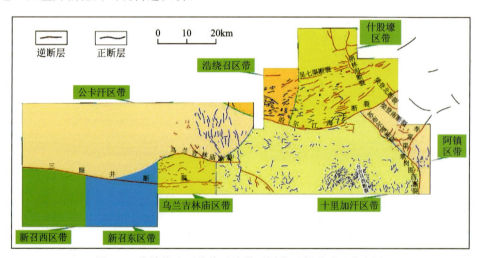

图2-3 杭锦旗地区盆缘过渡带不同类型断裂平面分布图

2)逆断层

杭锦旗地区逆断层大量发育并成为本区最显著的断裂构造类型之一,其中大型逆断层包括泊尔江海子断裂、乌兰吉林庙断裂、三眼井断裂、苏布尔嘎断裂、李家渠-掌岗图西断裂等。研究区逆断层的发育具有明显的分期、分区、分带和分段差异活动特征,其主要活动时期为海西晚期和燕山期,包括盒一段沉积末期、延安组沉积末期和侏罗纪末期(图2-4)。其中盒一段沉积末期断裂发育数量最多,平面上主要分布于什股壕地区、李家渠-掌岗图西断裂、苏布尔嘎断裂以及东北部的二维地震工区,其中什股壕地区逆断层最发育,单条断层规模较小,断层走向总体呈北东向,此外该期挤压构造使得山西组和盒一段地层普遍发生褶皱变形,而且还导致了J56井区早期发育的众多小型高角度正断层遭受挤压改造。

延安组沉积末期,盆地东北缘发生挤压隆升作用,形成延安组顶界不整合,发育了一系列宽缓褶皱和少量断裂,其中泊尔江海子断裂和吴七渠断裂等活动特征明显,泊尔江海子断裂后期还发生继承或反转活动,而吴七渠断裂后期活动不明显,向上断穿层位终止于延安组顶面不整合。

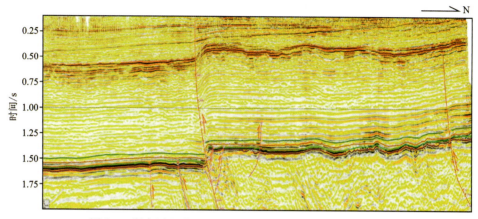

图 2-4 研究区 SLJH 工区 Trace 6439 测线构造解释剖面图

鄂尔多斯盆地东北缘在侏罗纪末期的逆冲活动非常强烈,泊尔江海子断裂、苏布尔嘎断裂、李家渠-掌岗图西断裂、柴登断裂等强烈逆冲,地层也因强烈的区域挤压隆升作用而发生褶皱变形并遭受强烈剥蚀,形成侏罗系顶面典型的区域性不整合面,地震反射同相轴表现出明显的下削上超特征。

3) 走滑或扭动断层

鄂尔多斯块体于新生代相对于相邻块体作逆时针转动或扭动,因此现今本地区主要为旋扭构造。杭锦旗地区由于不同时期受到的构造应力存在明显差异,花状构造样式在不同的部位表现也各不相同,本区既发育正花状构造,也发育负花状构造。正花状构造发育于盒一段沉积末期的挤压事件,分布位置主要出现在泊尔江海子断裂中断和西段的转折部位;负花状构造发育于喜马拉雅运动中晚期,为盆地发育晚期的区域隆升与反转构造背景,该时期在鄂尔多斯盆地的盆山耦合部位呈现出应力松弛和明显的右旋张扭应力特征,并在鄂尔多斯盆地周缘发育了一系列新生代张扭性断陷盆地。在上述区域动力背景下,杭锦旗地区也呈现出右旋张扭应力特征,发育了一系列张扭性断层和负花状构造样式,其中负花状构造的发育位置主要在三眼井断裂带、泊尔江海子断裂带西段的局部地区和李家渠断裂带北段的局部地区(图 2-5)。

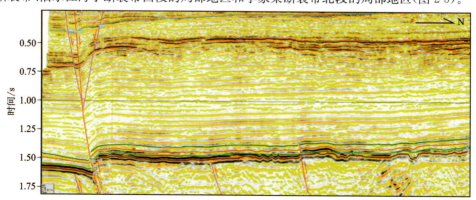

图 2-5 研究区 SLJH 工区 Trace 6019 测线构造解释剖面图

杭锦旗地区发育的3条大型二级断裂(三眼井断裂、乌兰吉林庙断裂和泊尔江海子断裂)在平面上呈雁列展布特征(图2-6),断裂的剖面组合具有典型的花状构造样式,揭示出上述断裂的走滑特征。

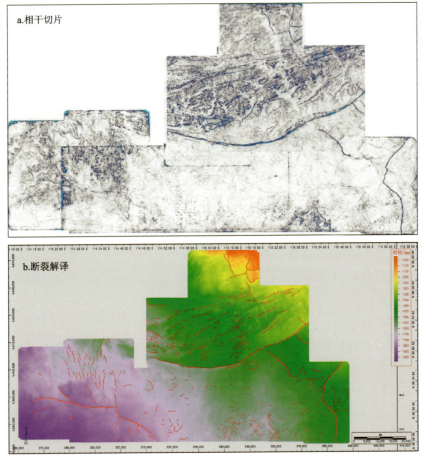

图2-6 杭锦旗地区三维地震工区T9b界面相干切片与断裂解释结果对比图

4)反转断层

反转构造已经成为含油气盆地分析中的重要研究内容之一。反转构造一方面可以形成良好的圈闭条件,另一方面使早期形成的断裂重新活动,有利于油气运移,对油气成藏具有重要的意义。因此,反转构造的研究对于沉积盆地分析和油气勘探预测具有重要意义。

鄂尔多斯盆地北缘在形成演化过程中,受多期多方向伸展-挤压构造应力的作用,反转构造比较典型。主要的构造反转时期为喜马拉雅运动中晚期。该期反转构造的形成与鄂尔多斯盆地演化的区域应力性质及方向的调整有关,反转构造在剖面上表现为泊尔江海子断裂、李家渠断裂,早期的逆冲大断裂在喜马拉雅运动中晚期发生正断或张扭活动,断裂活动的总体特征在地震剖面上呈现出典型的下逆上正断距特征(图2-7)。

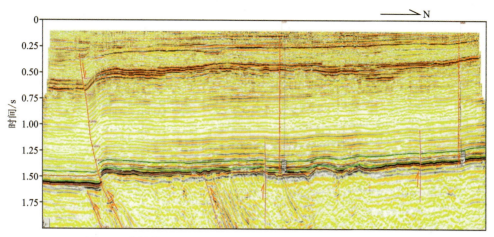

图 2-7　杭锦旗地区 SLJH 工区 Trace 6249 测线构造解释剖面图

2. 按断裂规模分类

根据断裂发育规模,可将杭锦旗地区断裂划分为 4 级(图 2-8、表 2-2)。将本区控制宏观构造格局的大型断裂(三眼井、乌兰吉林庙、泊尔江海子)划分为一级断裂,该类断裂延伸距离通常大于 30km。规模次之的较大型断裂(苏布尔嘎、吴七渠、柴登、纳林沟、台吉召西等断裂)划分为二级断裂,该类断裂延伸距离一般在 10～30km 间。剩余断裂规模进一步减小,尤其 J56 井区等地发育的高角度断裂的规模非常小,但数量较多,而在什股壕地区发育的一系列北东走向断裂以及在三叉裂陷槽地区发育的一系列近南北走向断裂的规模明显大于 J56 井区和 J102 井区的众多高角度断裂。因此,为了更加细致地区别上述次级断裂,将研究区延伸规模在 2～10km 的断裂划分为三级断裂,进而将延伸规模小于 2km 的诸多高角度断裂等划分为四级断裂。

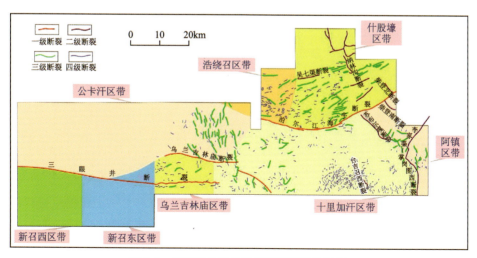

图 2-8　杭锦旗地区盆缘过渡带断裂分级图

表 2-2 杭锦旗地区断裂分级表

断裂分级	数量/条	规模/km	断裂名称及分布	断裂活动期次
一级	3	>30	三眼井断裂、乌兰吉林庙断裂、泊尔江海子断裂	长期活动（加里东—早海西期断裂开始发育、燕山晚期强烈挤压、晚燕山—喜马拉雅期走滑撕裂）
二级	12	10～30	苏布尔嘎、吴七渠、柴登、纳林沟、台吉召西等断裂	多期活动
三级	约120	2～10	主要分布在什股壕区带、三叉裂陷槽地区	多期活动或单期活动
四级	约600	<2	广泛分布，尤其J56、J102井区	单期活动

二、断裂构造几何学特征

1. 断裂构造平面特征

杭锦旗地区经历了多期多方向和不同性质区域动力作用，形成了不同类型和特征的断裂构造，由杭锦旗地区断裂体系分布图可见（图2-9）。杭锦旗地区断裂构造的平面分布复杂多变并具有明显的分区性，除三眼井、乌兰吉林庙、泊尔江海子等断裂外，其他断裂主要分布于什股壕地区、J56井区、J58井区西侧、J26井区和苏布尔嘎断裂及其东北地带。断裂构造的平面走向具有明显的多样性，主要有北东向、北西向、近东西向、近南北向等。该区断裂平面组合形态复杂多样，其组合类型可归纳为8类，即平行式、斜列式、雁列式、高角度斜交式、低角度斜交式、杂乱状、叠瓦状和环状（图2-10）。

2. 断裂构造剖面特征

杭锦旗地区断裂剖面的组合类型同样复杂多样，呈现有伸展构造样式、挤压构造样式、扭动构造样式和反转改造构造样式。断裂剖面组合类型主要有对冲式、背冲式、反冲式、叠瓦状、似花状（张扭或压扭）、地堑-地垒式、同向或反向断阶式及反转改造形成的复杂断块等（图2-11）。断裂构造样式中以伸展构造样式和挤压构造样式最为典型：挤压构造样式全区普遍发育，特别是在什股壕及阿镇地区；而在深层的元古宙裂陷槽、太原组—山西组沉积期的广大地区和浅层局部地区发育了伸展断裂组合样式，揭示出研究区构造应力场的复杂性和多变性。

3. 断裂活动特征与空间分布规律

断裂构造是杭锦旗地区主要的构造类型，也是重要研究内容之一。杭锦旗地区经历了元古宙以来的多期伸展-挤压构造旋回，发育了一系列形态各异的断层。各期构造运动发育的断层在性质、展布特征等方面有很大差异，因而研究区内的断层具有多向性、多期性及分区性等特征，并对该区的沉积构造及油气成藏等具有重要的控制作用。研究区断裂构造类型丰富、空间展布复杂多样，表现出明显的分期、分区、分带、分段及分层差异活动特征。

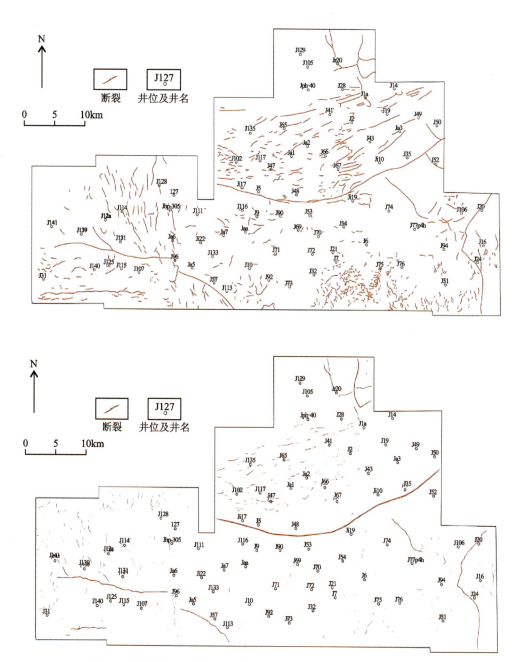

图 2-9 杭锦旗地区盆缘过渡带 T9b(上)和 T9f(下)界面断裂体系图

组合类型	组合样式	典型平面特征	主要分布地区
平行式		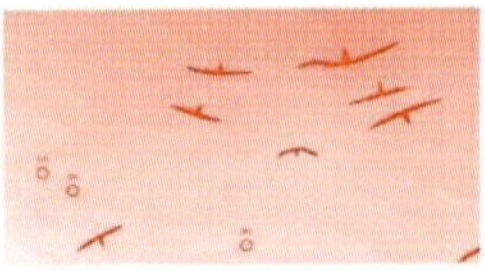	什股壕地区、J76 井区、J58 井区西侧
斜列式		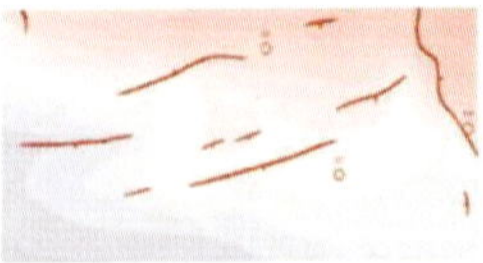	什股壕地区、J58 井区西侧
雁列式			泊尔江海子断裂中西段北侧、J76 井区
斜交式（高角度）		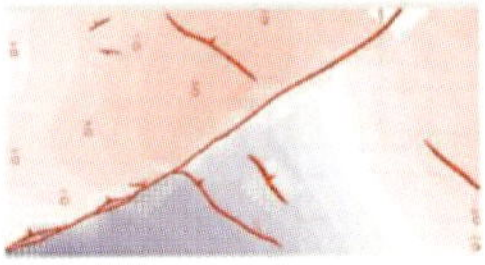	泊尔江海子、乌兰吉林庙等断裂带
斜交式（低角度）		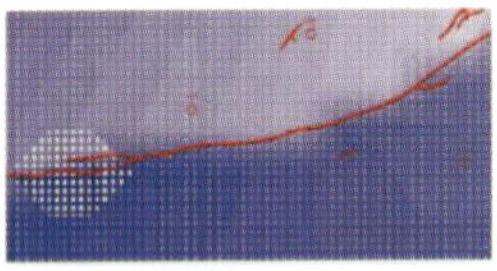	泊尔江海子、乌兰吉林庙等断裂带
杂乱状		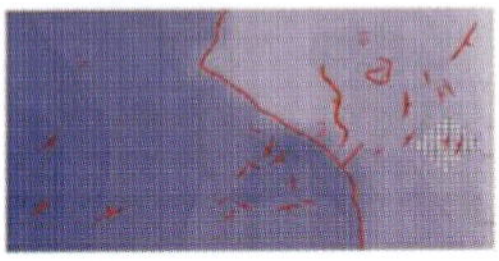	J56 井区、J24 井区、苏布尔嘎断裂东侧
叠瓦状（推覆前锋）	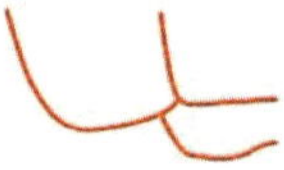	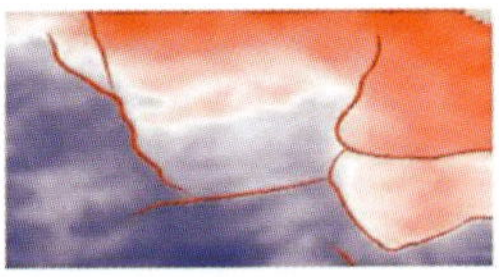	什股壕北部
环状		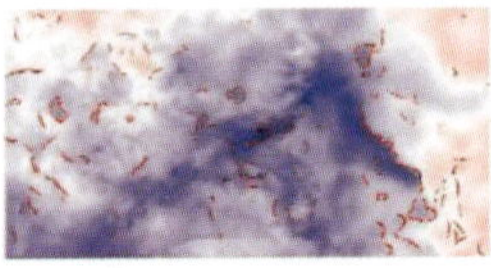	J56 井区、J102 井区、阿镇地区中南部

图 2-10 杭锦旗地区盆缘过渡带断裂平面组合类型图

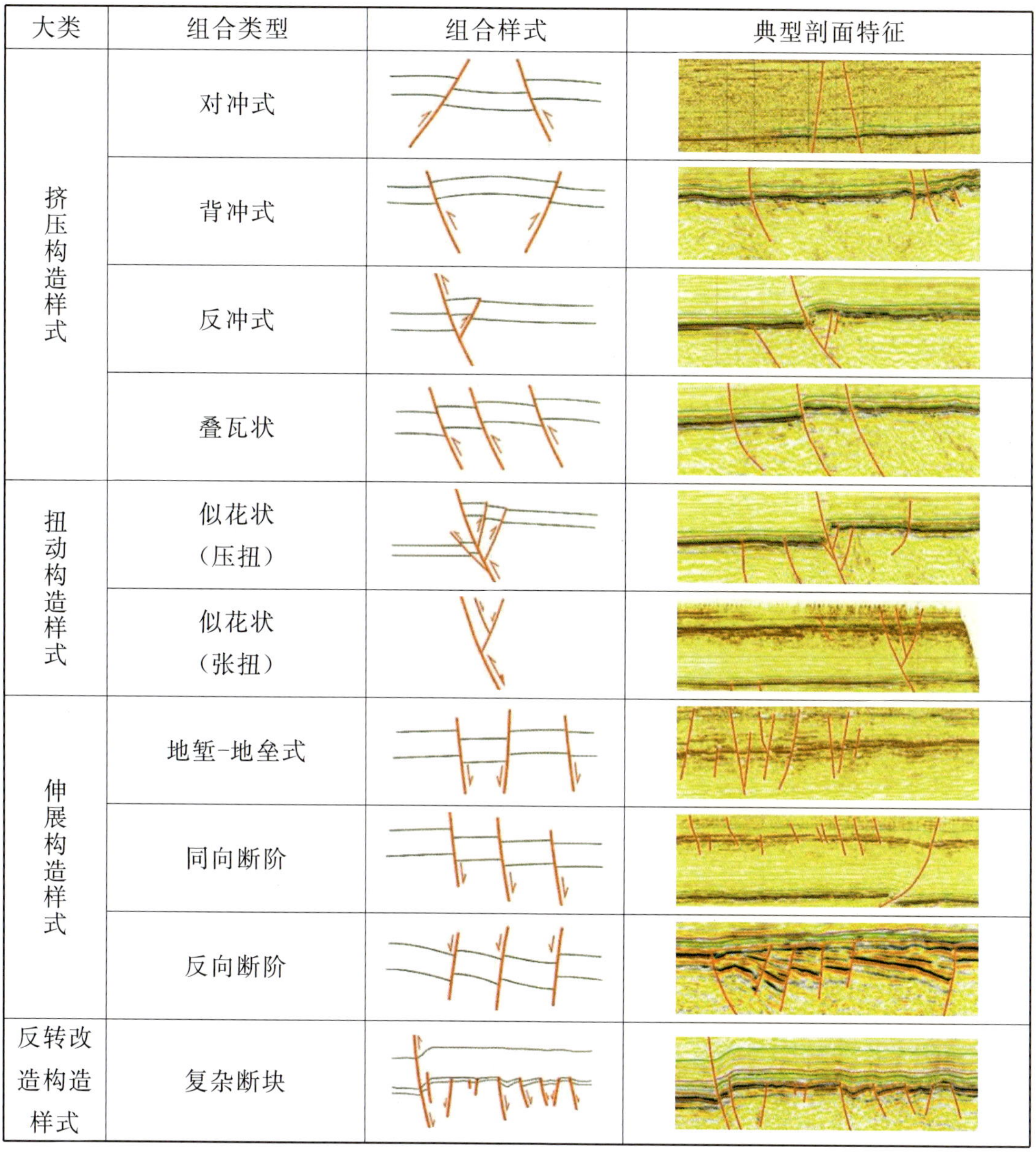

大类	组合类型	组合样式	典型剖面特征
挤压构造样式	对冲式		
	背冲式		
	反冲式		
	叠瓦状		
扭动构造样式	似花状（压扭）		
	似花状（张扭）		
伸展构造样式	地堑-地垒式		
	同向断阶		
	反向断阶		
反转改造构造样式	复杂断块		

图 2-11　杭锦旗地区盆缘过渡带断裂剖面组合特征图

断裂分期差异性与多期区域应力场转变以及盆缘边界条件等密切相关,研究区断裂分期差异活动具体表现为以下几点:①中新元古代裂陷槽发育期,J58 井区西侧大量北北西向正断层活动;②加里东期,三眼井、乌兰吉林庙和泊尔江海子断裂初具雏形;③太原组—山西组沉积期,弱伸展裂陷与末期弱挤压改造(小型高角度断层);④盒一段初期—盒二段沉积前,弱继承性伸展、挤压逆冲与反转改造;⑤延安组沉积末期,挤压隆升;⑥侏罗纪末期,强烈挤压逆冲;⑦早白垩世,区域性沉降与弱伸展;⑧始新世—新近纪,右旋张扭。

结合鄂尔多斯盆地的区域构造背景以及关键构造变革期的断裂活动特征,上述断裂活动期次在宏观上可概括为 4 个阶段,即前海西期、海西晚期、早燕山晚期和喜马拉雅晚期,以往对杭锦旗地区前海西的断裂活动研究比较少。通过对独贵裂陷槽的解剖及泊尔江海子断裂两侧古生界地层发育特征分析认为，前海西期杭锦旗地区主要有两个断裂活动关键期，即中新元古代和加里东期，前者表现为独贵裂陷槽伸展断裂发育，后者表现为三眼井断裂、乌兰吉林庙断裂、泊尔江海子断裂初具雏形并对沉积地层具有控制作用。

断裂分区差异性主要表现为断裂构造主要发育于什股壕地区、J58井区西侧、J56井区、J26井区以及苏布尔嘎断裂带及其东北地区，且不同地区断裂发育规模、活动时间、活动性质、平剖面特征等均具有显著差异。

断裂分带差异性主要表现为三眼井断裂、乌兰吉林庙断裂、泊尔江海子断裂、李家渠-掌岗图西断裂和苏布尔嘎断裂带为研究区断裂强烈活动带，也是本区拉张或挤压应力释放的主要场所，其断裂活动强度、活动时间、活动方式等与其他众多断裂有显著差异，其中最典型的差异为断裂活动强度和规模较大并具有多期继承或反转构造特征。

断裂分段差异性主要指三眼井断裂、乌兰吉林庙断裂、泊尔江海子断裂、李家渠-掌岗图西断裂等大型断裂，其中泊尔江海子断裂早期分段活动特征最为明显，燕山期强烈挤压逆冲并形成现今几乎连为一体的巨型断裂构造带，晚期的构造反转期也具有分段差异活动特征，即中西段呈现出明显的张扭活动特征而东段呈现出轻微的压扭活动特征。李家渠-掌岗图西断裂也是由数条断裂首尾相连组成，晚期的构造反转期也具有分段差异活动特征，表现为北部的李家渠断裂张扭活动，而南部的掌岗图西断裂呈压扭活动，中间地区地层相对稳定，无断裂构造发育。

断裂分层差异性主要表现为3个方面，即深层中新元古界断裂主要发育于独贵裂陷槽，以正断层为主，部分正断层后期遭受挤压改造。中深层古生界断裂主要分布于泊尔江海子断裂带及其北侧的什股壕地区、苏布尔嘎断裂带、李家渠断裂带、J58井区及J56井区，该层断裂既有海西晚期形成的众多高角度正断层也有燕山期形成的大量逆断层及走滑（扭动）断层。浅层中生界的断裂主要分布于三眼井断裂带、乌兰吉林庙断裂带和泊尔江海子断裂带，此外在苏布尔嘎断裂带、李家渠断裂带、J45井区北侧及J76井区也有发育。

第三节　断裂控圈-控储-控藏作用

一、泊尔江海子断裂活动特征及控圈-控储-控藏作用

由杭锦旗地区断裂分类可见，该区大型走滑断裂主要指呈雁列展布的3条近东西向大型一级断裂，即三眼井断裂、乌兰吉林庙断裂和泊尔江海子断裂，沿3条断裂带均可见典型的走滑构造标志性断裂剖面组合特征——花状构造，而且从断裂的平面形态也可见其走滑作用明显，尤其以西部的三眼井断裂最为典型，平面展布形态大致为直线状，剖面断裂组合样式呈现出显著的花状。前期研究主要是基于本区二维地震测线，随着新召地区三维地震资料的运用，对三眼井断裂的刻画和认识将进一步深入。下面以杭锦旗地区研究程度相对较高的泊尔江海子断裂为例，分析本区大型走滑断裂的活动特征及控圈-控储-控藏作用。

泊尔江海子断裂是控制鄂尔多斯盆地杭锦旗地区构造和沉积的重要断裂，并对本区天然气运聚成藏具有关键控制作用，因此前人对其构造演化特征、活动性及其控藏作用等开展了

不同程度的研究并取得了一系列成果认识(薛会等,2009a;杨明慧,2011;李潍莲等,2015)。本轮在对研究区三维地震资料精细解释基础上,对泊尔江海子断裂的几何学特征、差异活动性及其成因演化等进行了深入且系统的研究。研究认为,泊尔江海子断裂是由数条首尾相连的断裂组成,后经发展演化并逐渐贯通而形成现今巨型断裂构造带,且现今断裂带在J53井北侧和断裂带东北段依然存在彼此不连通的展布特征,断裂带间发育典型的构造转换带(图2-12、图2-13)。

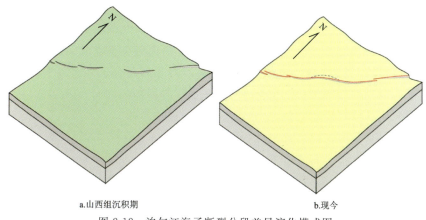

a.山西组沉积期　　　　　　b.现今

图2-12　泊尔江海子断裂分段差异演化模式图

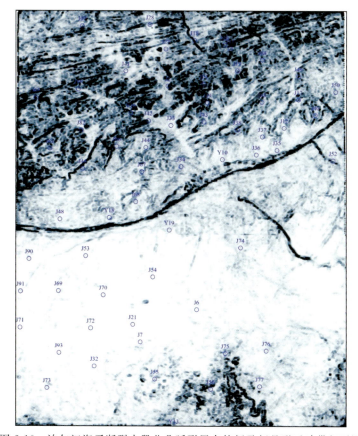

图2-13　泊尔江海子断裂中段北凸弧形展布特征及新月形反冲带相干图

泊尔江海子断裂倾向总体呈北西向,走向具有分段差异性,总体呈北东向,平面延伸约80km,在Y(伊)19井以西,泊尔江海子断裂呈近东西向展布,断面形态上陡下缓呈高角度铲形。在J53井北侧发育一典型构造转换带,南侧断层活动强度西强东弱,北侧断层活动强度西弱东强。该段的断裂构造具有明显的多期活动特征,主要包括海西期—燕山期的多期逆冲活动和喜马拉雅期的构造反转,断裂构造几乎贯穿整套沉积盖层,垂向断距明显呈下逆上正典型反转特征,上部正断距特征明显而且在主干断裂附近构造反转期还新发育了一系列平面呈雁列展布的张扭性断层。

在Y19井至J36井之间,泊尔江海子断裂平面展布呈向北凸出的弧形,断面形态依然是上陡下缓高角度铲形,倾角比西段更大,T9f界面以上断面近于直立状,该段的断距均表现为逆断特征,在该段中西部的主断裂北侧因晚期构造反转也新发育了一系列平面呈雁列展布的张扭性正断层。泊尔江海子断裂在盒一段沉积末期强烈逆冲的同时,在该弧形断裂带的北侧还发育了一新月形挤压褶皱变形带,反冲带活动强度西强东弱。

泊尔江海子断裂东段比较平直,呈斜列式展布且分段差异活动特征明显,在二维工区中北部发育一个构造转换带。西南侧主断裂的活动强度由南往北逐渐减弱,构造反转期该段断裂的反转特征不明显;东北侧断裂分支具有明显的反转构造特征,由于该地区能揭示泊尔江海子断裂构造特征的二维测线很少,其构造特征及演化等有待进一步研究。

泊尔江海子断裂T9c界面的垂直断距呈现非常明显的分段差异性,由西南往东北断距的整体表现为"小—中—大—中—小"的变化特征,特别是在中部的弧形段,断距明显增强,其成因与该地区的古构造格局有关。通过分析泊尔江海子断裂对太原组—山西组发育的控制作用可以发现,断裂控沉作用也表现出明显分段差异性,即泊尔江海子断裂有的段落对太原组—山西组发育具有控制作用,而有的段落对太原组—山西组发育不具控制作用(图2-14),说明泊尔江海子断裂分期、分段差异活动特征明显,西南段发育转换构造,东北段分段活动,晚期彼此连接和贯通,形成现今的断裂带构造面貌。

通过断层上下盘地层厚度及生长指数分析可以发现,J53井西部断裂太原组到延安组的上下盘地层厚度大致相等,断层活动微弱,直罗组—安定组下降盘增厚,断层活动速率明显加快,该段断裂主要受延安组沉积晚期的挤压影响;Y18~Y19井区段下石盒子组、山西太原组的上下盘厚度发生变化,反映出断裂在太原组时期受弱挤压影响,断层处于活动状态,活动速率逐渐减小,到三叠系、石千峰组—上石盒子组时期,断层几乎已经不发生活动,到延安组受挤压应力影响断层又一次开始活动,活动速率逐渐增大,在直罗组—安定组时期活动速率趋于稳定;中部弧形段断裂在延安组之前均不活动,在延安组沉积晚期开始活动,在直罗组—安定组时期断裂活动速率达到最大值,随后逐渐减小;东部断裂段在太原组时期收到弱挤压开始活动,到石千峰组—上石盒子组时期断裂活动停止,在延安组时期再次活动,活动速率明显高于太原组时期。

综合研究表明,泊尔江海子断裂在加里东期初始发育,海西期发生分段差异活动并对研究区主要目的层位(太原组、山西组和下石盒子组)具有重要控制作用。泊尔江海子断裂在加里东—海西期呈五段式发育,西段由近东西走向的3条小断裂组成,其间发育构造转换带;东段由2条规模较大的断裂组成,断裂间相隔距离较远;泊尔江海子断裂中部的弧形段,在海西

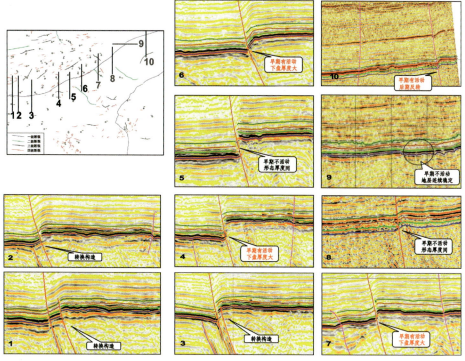

图 2-14　泊尔江海子断裂分段差异控制沉积作用平剖面特征图

期为一宽缓的低洼带。燕山期由于区域强烈挤压应力作用，上述 5 条断裂发生递进扩展而彼此连接或靠近，现今断裂带构造格局基本形成，喜马拉雅期因构造反转而发生张扭作用，并在泊尔江海子断裂中西段的北侧发育一系列雁列展布的新生代张扭性断裂。

太原组—下石盒子组沉积期，泊尔江海子断裂存在 4 个构造转换带，而构造转换带通常对沉积体系和物源通道具有重要控制作用（图 2-15）。结合研究区该时期的沉积相和地层厚度等分析认为，该时期 4 个构造转换带对杭锦旗地区的沉积具有重要控制作用，成为北部物源向南搬运的主要通道，山西组沉积期，泊尔江海子断裂中段的南侧发育一近南北走向的大型沉积体。此外在工区西侧的泊尔江海子断裂西段两转换断裂发育地区也发育一北西向展布的沉积体，上述特征均揭示出对应位置的构造转换带是北部物源向南搬运的主要通道，对上述沉积体具有直接控制作用。

综上所述，泊尔江海子断裂分段差异活动特征明显，断裂间的转换带对古水系的发育、砂体展布和油气运移均具有重要控制作用，如图 2-16 所示，泊尔江海子断裂中部发育的构造转换带具有明显的汇水效应，北部水系集中汇聚于此，过了该构造转换带向南，水系再次发散。上述构造转换带的发育特征及对沉积的控制作用与本区侏罗纪末期构造格局具有较好的相似性，侏罗纪末期的强烈挤压作用导致什股壕地区强烈隆升，由于挤压应力的复杂性和多向性，使得什股壕地区差异隆升并在中部形成近南北向展布的沟谷体系。与此同时，泊尔江海子断裂也呈现出分段差异活动特征，在中部的弧形段产生破裂和分支，形成一典型构造转换带并成为北部物源向南搬运的主要通道。

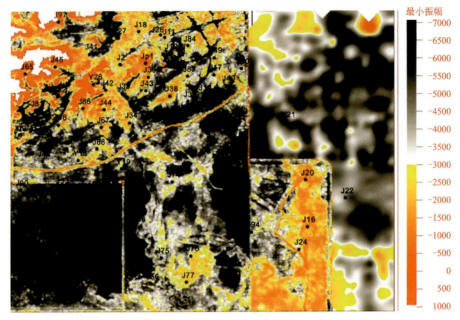

图 2-15 鄂尔多斯盆地杭锦旗地区东部山西组地震属性图

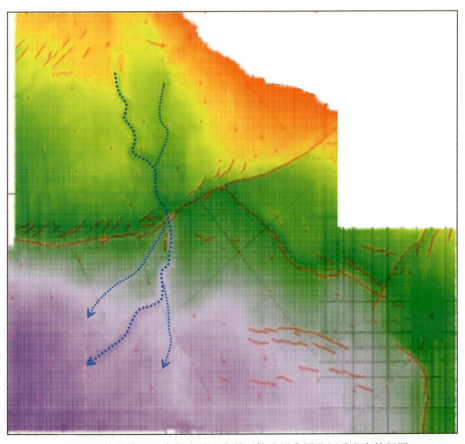

图 2-16 杭锦旗地区东部志丹组底界面构造形态图及河道发育特征图

泊尔江海子断裂带除在中部发育大型构造转换带外,在其余段落间也发育多个构造转换带或断裂连接带,上述转换带对沉积具有重要控制作用,由 T9b 界面相干切片可见(图 2-17),在泊尔江海子断裂带西部也发育了 3 个构造转换带,与其北侧的沟谷体系对应关系良好。太原组—山西组沉积期古地貌图也反映出上述 3 个构造转换带正好对应古河道发育位置。

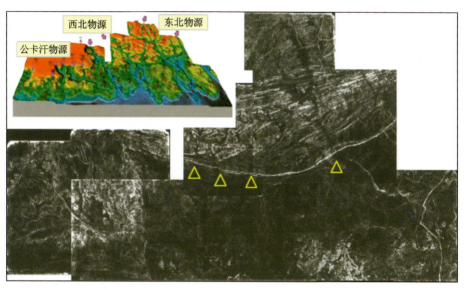

图 2-17 鄂尔多斯盆地杭锦旗地区 T9b 界面相干切片与太原组—山西组沉积期古地貌对比图

泊尔江海子断裂带作为杭锦旗地区次级构造单元的分界线,对本区构造格局具有重要影响,尤其对什股壕地区的构造面貌及油气成藏具有重要控制作用,形成了以泊尔江海子断裂为界、南北地势高差明显的不同次级构造单元,北部地势高、沟壑纵横,断裂及褶皱大量发育并形成一系列构造圈闭,这也是什股壕地区构造油气藏比较发育的主要原因;而断裂带南部则地势平缓,构造圈闭不发育(图 2-18)。

图 2-18 杭锦旗地区 T9b 界面等 T0 图

二、高角度正断裂活动特征及控圈-控藏作用

杭锦旗地区太原组—山西组沉积时期发育大量高角度小断层,数量多、规模小,最大断距约 20m,多数断裂断到 T9d 界面。该类断裂在 J56 井区和 J117 井区密集发育,此外在阿镇地区中部、十里加汗西部地区也有发育,形成一系列小型断块或断背斜圈闭,是研究区重要的油气勘探目标。

J56 井区为杭锦旗地区高角度正断裂最为发育的地区,由图 2-19 可见,该区断裂密集分布,断裂走向复杂多变,总体呈杂乱展布,部分断裂呈弧形或环形发育,而本区规模较大的台吉召西断裂则呈蚯蚓状展布。上述断裂平面展布特征在断裂组合图、相干切片及蚂蚁体切片均能清晰反映且吻合度较高,断裂剖面形态近于直立且单条断裂规模较小(图 2-20)。

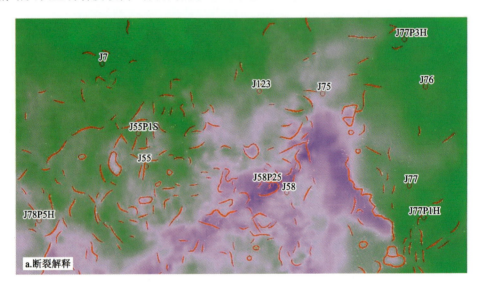

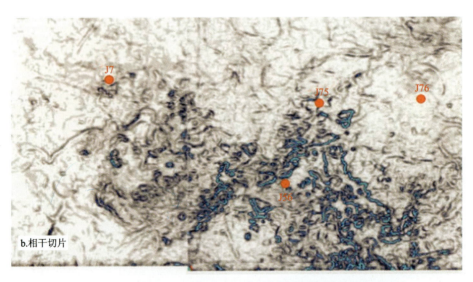

图 2-19 杭锦旗地区 J56 井区 T9b 界面断裂解释与相干切片对比图

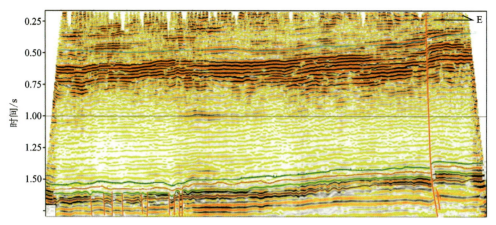

图 2-20　杭锦旗地区 J56 井区东侧高角度正断裂典型地震解释剖面图

除 J56 井区之外,在什股壕地区西南侧该类高角度正断裂也比较发育,同样表现出断裂数量多、规模小的典型特征,部分断裂平面呈环状,断裂剖面形态也为直立状,形成地垒、地堑等典型伸展断裂构造样式。与泊尔江海子断裂南部 J56 井区不同的是,该地区高角度正断裂后期经历挤压改造作用明显,断裂间的地层发生较强烈的褶皱变形,形成本区一系列构造圈闭(图 2-20、图 2-21)。

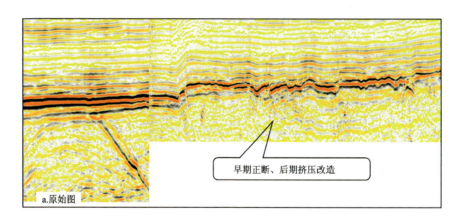

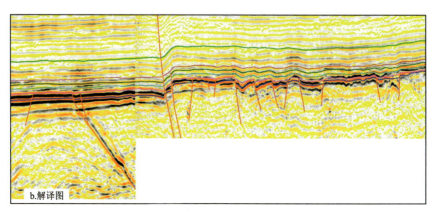

图 2-21　杭锦旗地区 J117 井区南北向典型地震解译对比剖面图

杭锦旗地区高角度正断裂主要发育于太原组—山西组沉积时期,最大断距约20m,多数断裂断到T9d界面,部分后期发生继承活动或挤压改造,该期正断裂具有数量多、规模小的特征,在什股壕、十里加汗、阿镇等地区普遍发育。

高角度正断裂对杭锦旗地区油气成藏具有重要的建设性作用,主要体现在两个方面:一方面是可为油气运移提供通道;另一方面是对研究区目的层段构造圈闭的形成具有重要控制作用。由图2-22可见,在高角度正断裂最发育的J56井区T9b界面,发育了一系列的背斜、断背斜、断鼻等构造圈闭,圈闭数量多、规模较小,平面分布较凌乱,上述圈闭发育特征与本区高角度正断裂发育与分布特征相吻合,揭示出高角度正断裂对该区构造圈闭的形成和分布具有重要控制作用,高角度正断裂即可作为断鼻、断背斜等构造圈闭的组成要素,也可作为应力应变端元对地层褶皱变形等产生重要影响。该区高角度正断裂剖面形态多为平直式,向上一般断达T9d界面,部分继承性活动并断穿T9d界面,但后期遭受的改造作用较弱。

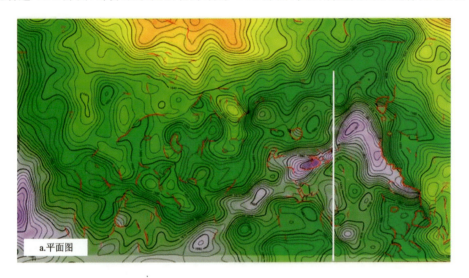

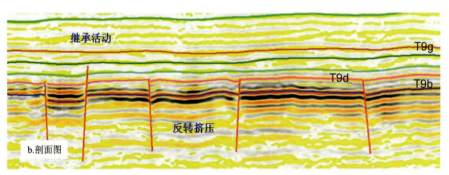

图2-22 J56井区高角度正断裂控圈-控藏特征平剖面图

什股壕地区高角度正断裂也比较发育并对本区构造圈闭的形成和油气运聚成藏具有重要控制作用,由图2-23可见,该区多数构造圈闭均与高角度正断裂有关,发育了一系列断鼻、断背斜等构造圈闭,此外部分背斜圈闭也与高角度断裂紧密相邻,断裂对其形成演化具有关键控制作用。

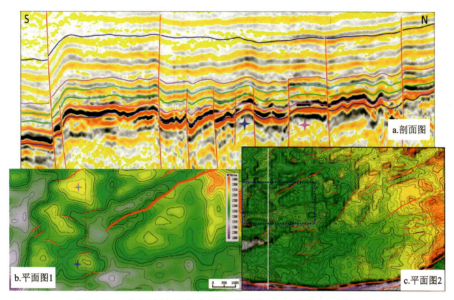

图 2-23　什股壕地区高角度正断裂控圈-控藏特征平剖面图

与 J56 井区不同的是，什股壕地区高角度正断裂遭受后期挤压改造作用明显，地层强烈褶皱或掀斜变形，断裂断穿层也明显多于 J56 井区，多数断裂断到 T9f 界面，而且部分断裂继续向上断达侏罗系，因此本区断裂构造的垂向输导能力强于 J56 井区，对太原组、山西组以及下石盒子组油气运聚成藏均有重要的建设性作用。

三、独贵三叉裂陷槽演化及控圈-控储-控藏作用

杭锦旗地区 J58 井区西侧发育了一个中新元古界裂陷槽，该裂陷槽平面呈楔形，向北西方向开口、南东方向收敛，边界为一系列平面展布形态不规则的中小型断裂（图 2-24）。裂陷槽内部呈地堑或半地堑结构，内部发育众多西倾正断层，形成较典型的反向断阶（图 2-25），因受多期反转挤压，地层及早期的伸展断裂遭受改造变形强烈，顶部地层遭受明显剥蚀并发育角度不整合。

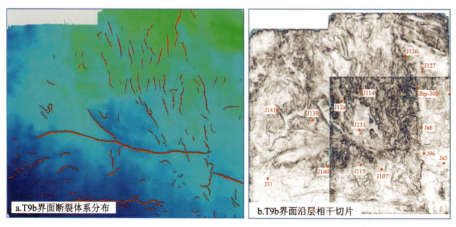

图 2-24　J58 井区 T9b 界面揭示裂陷槽平面特征图

独贵裂陷槽的发育对J58井区目的层段的沉积充填,对古水系的控制作用主要表现为元古宙末期受挤压反转并形成隆坳格局,其东侧边界部位发育较大规模的洼槽(图2-26),成为J58井区北部物源的主要通道,而且裂陷槽内部诸多断裂对本区后期河道发育具有明显控制作用,形成"逢沟必断、河道纵横"的断裂-河道耦合关系,从而导致该区辫状河道广泛分布,形成J58井区优质储集体。独贵裂陷槽地区断裂构造发育,构造圈闭和岩性圈闭均比较丰富,对本区天然气运聚成藏具有很好的建设性作用,关键成藏期之前的多期构造活动导致本区断裂输导体系和构造圈闭十分发育,该类圈闭为独贵加汗地区勘探目的层段的有利勘探目标(图2-27)。

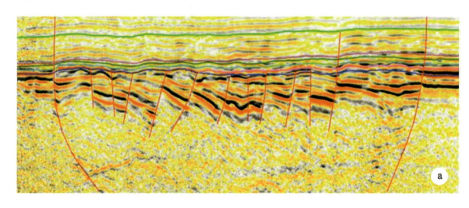

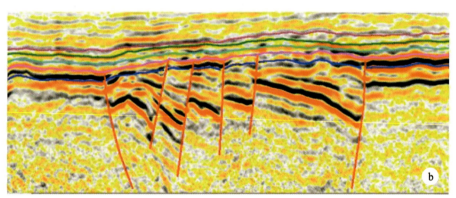

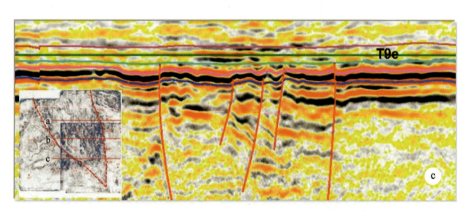

图2-25 J58井区T9b界面揭示裂陷槽剖面特征图

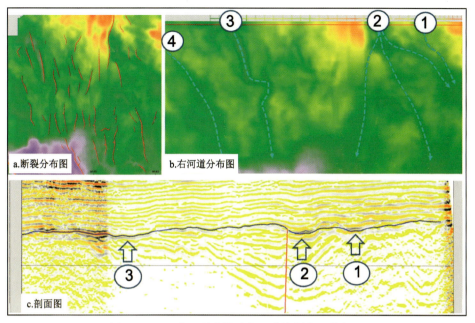

图 2-26 J58 井区裂陷槽对古河道控制作用特征图

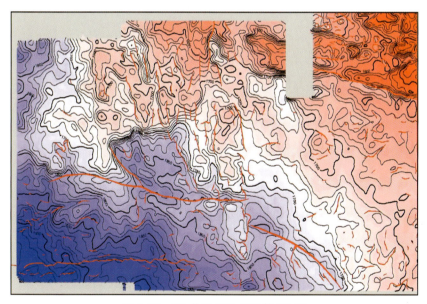

图 2-27 J58 井区 T9b 界面等 T0 图

第三章　盆缘过渡带沉积与储层特征

基于三维地震资料和钻井、测录井资料，恢复同沉积期的古地貌特征以及成藏期的古地貌特征；在不同"源-汇"系统约束下对沉积储层的基本特征进行厘定，建立"层组（六级）-相分异"格架下的砂体等时对比网络，对重点含气砂组单期次河道砂体进行地质建模，总结河道砂体叠置关系与发育模式。以沉积微相约束下单砂体的岩相单元类型（级），建立成岩相-测井相识别图版，统计不同成岩相类型的物性特征和含气级别，开展多因子约束的储层分级、储层非均质性与甜点预测研究。

第一节　"源-汇"系统特征

一、古地貌特征

鄂尔多斯盆地在晚古生代主要表现为拉张构造背景下的整体缓慢接受沉积，盆地主体抬升暴露程度很弱或基本没有剥蚀（席胜利等，2002；王琨，2021；陆红梅等，2021；郑登艳，2021；张威等，2022）。在这种前提下，根据层序界面的解释、追踪、闭合所确定的现今地层残余厚度并经过适当的压实校正等，恢复了杭锦旗地区山西组、下石盒子组沉积时期的古构造地理面貌。

山西组沉积时期杭锦旗地区的总体地形特征表现为（西）北高（东）南低。北部的什股壕地区、西北部的独贵加汗和新召主体地区隆坳格局明显，沟谷发育，局部隆起较高并遭受剥蚀，其中什股壕（浩绕召）地区的J102(J117)—J5—J9井区、J41—J46—J48井区、J105—J41—(J42)—J67(J34)井区、J15—(J84)—J35井区以及J126(J127)—J133井区、J101—J86—J85井区、J114—J144井区、J131—J58井区、J128—J125井区、J140—Y9井区、J141—J31井区、J119—J61井区等呈现出自北向南张开的宽浅型"V"谷，成为以北物源主要的汇聚输送通道，而独贵加汗（含乌兰吉林庙）和新召地区北部直接与公卡汗隆起剥蚀区相邻，可发育近源沉积。南部的十里加汗地区以及独贵加汗和新召地区的南部地形变得相对平缓，隆坳程度和沟谷形态减弱。其中，沿泊尔江海子断裂两侧的地形地貌具有明显分异，指示相应沉积坡折的存在，而乌兰吉林庙断裂、三眼井断裂也具弱化的类似特征。

下石盒子组沉积时期地形整体仍呈现出西北高东南低的特征，地形起伏逐渐减小，微隆坳依旧明显，尤其是什股壕的北部以及独贵加汗和新召的主体地区，其区内沟谷发育，但独立性有所减弱；什股壕的南部、十里加汗东以及独贵加汗和新召地区的南部地形比较平缓，且趋势逐步加强,低幅隆坳,坳处宽而浅,呈相互交叉和彼此影响态势(余威,2021;张亚东等,2021)(图3-1)。下石盒子组沉积时期研究区内的泊尔江海子、乌兰吉林庙、三眼井等3条主要断裂对古地貌的控制作用逐渐减弱,断裂两侧的地形地貌从盒一段时期存在小的分异逐渐发展至盒二段、盒三段时期的无明显分异(管晋红,2021;胡勇,2021)。

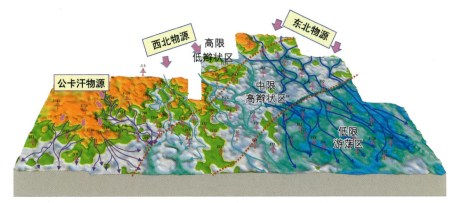

图3-1 鄂尔多斯盆地杭锦旗地区下石盒子组盒一段底界(Td)古构造地貌与沉积相区图

二、"源-汇"系统特征

杭锦旗地区晚古生代的"源-汇"系统表现出"东西分区、南北分带"的显著特征。"东西分区"主要指"源"和"汇"的岩石类型及其物质组成在时空分布上的差异;"南北分带"则主要体现在沉积相带分布特征及其演化规律在时空上的差异性(张家强等,2021;李应许等,2021)。

源区方面,结合前人成果,从确定物源大致方向与分区、判断构造环境、分析母岩性质、测定盆-山年龄等4个方面对杭锦旗地区太原组—下石盒子组的物源体系进行了综合分析。研究表明,研究区目的层段沉积时期的物源主要来自北部的阿拉善-阴山古陆,其基岩分布具明显东西分异性,可大致分为西北部母岩区(阿拉善古陆和阴山古陆西段,包括盆地西北缘现今的狼山、贺兰山和阴山西段)、北部母岩区(含现今阴山中段、盆地北缘中部的乌拉山和盆地东部的大青山西段)和东北部母岩区(阴山古陆东段,即现今阴山东段、盆地北缘东部的大青山东段及研究区以外东北部的兴蒙造山带)(王海亮,2018;徐恒艺,2018;段治有等,2019;曾建强,2020)。上述母岩区同时具有沟-弧-盆体系的活动大陆边缘和具有碰撞造山带的被动大陆边缘的大地构造背景,其中太原组和山西组沉积期具有明显的大洋岛弧和大陆岛弧的性质,下石盒子组沉积期逐渐转为单一的被动大陆边缘碰撞造山带环境。岩性和年龄上,西北母岩区岩性主要为新太古界和元古宇的黑云二长片麻岩、黑云斜长片麻岩、石英岩等组成的变质岩系和沉积岩类,以相对富石英为特点;北部和东北部母岩区岩性主要为古太古界、元古宇石榴片麻岩、黑云斜长片麻岩、麻粒岩等组成的变质岩系和花岗岩、花岗闪长岩等组成的火成岩系,以相对富长石为特点(张威等,2016;向春晓,2016)。具体到杭锦旗地区,主要发育三大物源体系(图3-2):①东北物源,以太古宇、元古宇片麻岩、花岗岩和花岗闪长岩为主,以富长石和岩屑为主要特征;②西北物源,以太古宇、元古宇片麻岩、石英岩为主,以相对富石英和岩屑为主要特征;③公卡汗物源,以太古宇、元古宇麻岩、变质石英砂岩为主,富石英,贫长石,具一定岩屑含量。

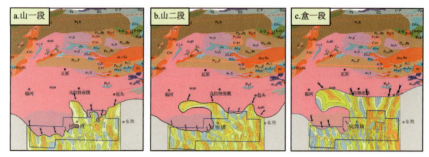

图 3-2 鄂尔多斯盆地杭锦旗地区物源体系分布图
(山一段为山西组一段,山二段为山西组二段,下同)

汇区方面,主要考虑其储层岩石类型,可将杭锦旗地区进一步分为:①西部新召区,石英砂岩含量高,岩石类型相对集中,成分成熟度较高,物源主要来自公卡汗近源物源体系(西北部母岩区亦有影响);②中部独贵加汗(或称十里加汗西)区,以岩屑石英砂岩和岩屑砂岩为主,为公卡汗物源和(西)北部物源的混合供源;③东部什股壕、十里加汗东区,主要为岩屑砂岩、长石岩屑砂岩、岩屑长石砂岩、岩屑石英砂岩控制区,岩石类型多样,成分成熟度稍低,岩屑和长石较多,物源主要受到东北母岩区的影响(刘四洪等,2015;周景灿等,2015)(图 3-3)。此外,前人成果显示,再往东至榆林、神木地区绝大多数为岩屑砂岩、岩屑长石砂岩、长石岩屑砂岩,主要为东北部母岩区供源,岩屑和长石含量更高(常兴浩,2013;秦雪霏,2014)。

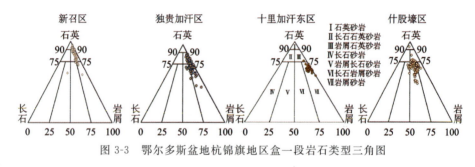

图 3-3 鄂尔多斯盆地杭锦旗地区盒一段岩石类型三角图

上述研究表明,杭锦旗地区"源-汇"系统"东西分区"特征明显,物源体系对沉积物(储层)物质组成的控制作用显著。通过将沉积期砂岩厚度图与沉积期前的地质图叠加,可以看出从山西组一段到盒一段,从西往东,河道-朵叶体规模表现出变大趋势(图 3-2)。这一结果很可能受控于物源体系,因为酸性岩(花岗岩和花岗闪长岩)相对于片麻岩易于风化,尤其是在温暖湿润气候背景下(含煤岩系),导致东部供源强于西部供源,亦间接说明了物源体系对沉积物的几何形态也有宏观的影响。

结合古地貌特征及沉积环境的识别与分析,杭锦旗地区在"源-汇"系统的框架下由北往南大致可划分出三大相区:①高限低辫状河发育区(简称"高限低辫区"),山西期主要分布在泊尔江海子断裂一线以北,下石盒子期逐渐后退;②中限高辫状河发育区(简称"中限高辫区"),山西期主要位于泊尔江海子断裂一线以南,盒一期后退至泊尔江海子断裂以北,盒二、盒三期则后退更远;③低限游荡-曲流河发育区(简称"低限游荡区"),山西—盒一期主要分布在泊尔江海子断裂一线以南,盒二、盒三期可越过泊尔江海子断裂,在其北部广泛存在。因此,山西组与盒一段沉积时期,研究区内三大相区均有分布,至盒二段、盒三段沉积时期,区内主要发育后两大相区。可见,随着时间的更迭,三大相区的大致界线逐渐北移,反映出基准面上升,沉积范围逐渐扩大的变化趋势。

综合考虑古地貌特征、源区与汇区之间的物质搬运距离,在杭锦旗地区厘定出三大"源-汇"系统:①东北远源;②西北远源;③公卡汗近源。

第二节 "源-汇"约束的沉积储层特征

一、北部远源"源-汇"系统砂体展布与储层特征

考虑到东北远源"源-汇"系统和西北远源"源-汇"系统整体具有差异的可比性和相区分布的一致性,对二者统称为北部远源"源-汇"系统,以区域上目标勘探层段——下石盒子组盒一段为重点研究层段。

首先,选择大致分布在同一河道流域内不同相区的典型钻井,综合利用岩芯、测井、测试分析等资料与数据确定其典型岩性相、沉积构造、测井相、粒度曲线等,进而确定其沉积特征与储层特征(表3-1、表3-2)。例如,在盒一段沉积时期,J105井分布于高限低辫区,其岩性以含砾粗砂岩为主,少量中砂岩以及极少的泥岩夹层,具典型"砂包泥"的特征,心滩砂坝发育,且以纵向砂坝为主,测井曲线主要表现为微齿化箱形,少量厚层箱形—钟形(图3-4);从沉积特征和储层特征上来看,从高限低辫区→中限高辫区→低限游荡区,其沉积构成由河道滞留沉积、(高能)纵向砂坝组合为主相变为横向砂坝、废弃河道和洪泛平原组合为主,其中纵向砂坝储层物性最好,其次为横向砂坝,废弃河道再次之,河道滞留沉积揭示较少(图3-5,表3-3)。

表3-1 杭锦旗地区盒一段辫状河的典型岩性相划分与沉积特征一览表

沉积微相 (构造单元)	典型岩性相	岩性	沉积构造	发育层位
河道滞留沉积	块状层理的中—细砾岩相(FA1)	中—细砾岩	块状层理	$P_1x_下^1$
	块状层理的含砾中—粗砂岩相(FA2)	含砾中—粗砂岩	块状层理,砾石略具定向性	$P_1x_下^1$、$P_1x_上^1$
	块状层理的中—粗砂岩相(FA3)	中—粗砂岩	块状层理	$P_1x_下^1$、$P_1x_上^1$
纵向砂坝 (高能)	低角度交错层理的含砾中—粗砂岩相(FA4)、平行层理的含砾中—粗砂岩相(FA5)	含砾中—粗砂岩	交错层理	$P_1x_下^1$、$P_1x_上^1$
横向砂坝	高角度(板状)交错层理的中—细砂岩相(FA6)、槽状交错层理的中—细砂岩相(FA7)	中—细砂岩	板状交错层理、槽状交错层理	$P_1x_下^1$、$P_1x_上^1$
废弃河道充填 (低能)	波状交错层理或攀升层理的细砂岩相(FA8)	细砂岩	攀升层理、波状交错层理	$P_1x_下^1$、$P_1x_上^1$
洪泛平原	水平层理的灰黑色泥岩相(FA9)	泥岩	水平层理	$P_1x_下^1$、$P_1x_上^1$

表 3-2　杭锦旗地区盒一段辫状河典型岩性相与测井相耦合关系表

微相	测井相	GR 曲线形态	岩性相
河道滞留沉积	突变、薄层指形为主		块状层理的中—细砾岩相（FA1） 块状层理的含砾中—粗砂岩相（FA2） 块状层理的中—粗砂岩相（FA3）
纵向砂坝（高能）	中—高幅齿化箱形—漏斗形为主		低角度交错层理的含砾中—粗砂岩相（FA4） 平行层理的含砾中—粗砂岩相（FA5）
横向砂坝	中幅齿化箱形—钟形为主		板状交错层理的中—细砂岩相（FA6） 槽状交错层理的中—细砂岩相（FA7）
废弃河道充填（低能）	（齿化）钟形为主，中—低幅齿化箱形（或漏斗形）		攀升层理或波纹交错层理的细砂岩相（FA8）
洪泛平原	基线型		块状层理的灰黑色泥岩相（FA9）

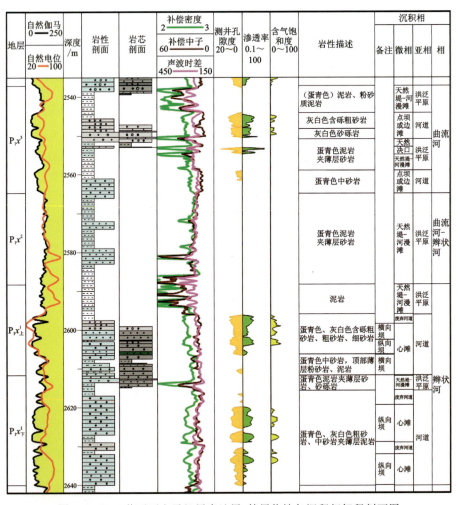

图 3-4　J105 井下石盒子组层序地层、储层物性与沉积相解释剖面图

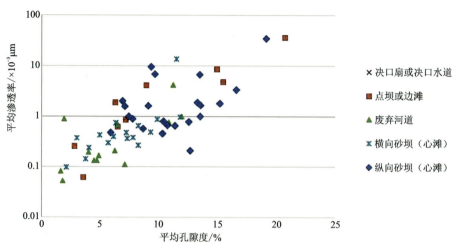

图 3-5 杭锦旗地区东部典型河道不同沉积微相孔-渗关系图（含盒一段－盒三段）

表 3-3 杭锦旗地区东部典型河道不同沉积微相孔隙度与渗透率统计表

井位	层位	沉积微相	厚度/m	平均孔隙度/%	平均渗透率/$\times 10^{-3} \mu m$	含气饱和度/%
J129	$P_1 x^3$	点坝或边滩	14.30	20.76	36.60	1.87
	$P_1 x_{上}^2$	横向砂坝（心滩）	7.55	11.50	13.79	
		纵向砂坝（心滩）	5.50	19.16	34.72	3.11
	$P_1 x_{下}^2$	纵向砂坝（心滩）	34.82	9.38	9.62	1.02
J105	$P_1 x^3$	点坝或边滩	9.20	15.46	4.80	29.69
	$P_1 x^2$	废弃河道	7.80	11.21	4.22	
		横向砂坝（心滩）	4.75	9.34	0.49	
	$P_1 x_{上}^1$	横向砂坝（心滩）	5.85	8.27	0.26	
	$P_1 x_{下}^1$	纵向砂坝（心滩）	30.85	10.75	0.66	16.99
J97	$P_1 x^3$	点坝或边滩	4.70	7.22	0.85	12.37
	$P_1 x^2$	横向砂坝（心滩）	10.75	9.89	0.87	23.65
		纵向砂坝（心滩）	8.35	13.30	1.88	35.17
	$P_1 x_{上}^1$	废弃河道	2.20	7.15	0.11	7.54
		纵向砂坝（心滩）	18.10	12.69	0.21	11.10
	$P_1 x_{下}^1$	纵向砂坝（心滩）	18.60	12.55	0.77	11.40

续表 3-3

井位	层位	沉积微相	厚度/m	平均孔隙度/%	平均渗透率/$\times 10^{-3} \mu m$	含气饱和度/%
J45	P_1x^3	决口扇或决口水道	5.10	7.06	0.36	
		点坝或边滩	4.85	3.62	0.06	
	P_1x^2	废弃河道	2.60	1.77	0.05	
		横向砂坝(心滩)	10.10	7.25	0.47	10.76
		纵向砂坝(心滩)	5.25	13.57	1.64	32.61
	$P_1x^1_上$	废弃河道	1.50	10.88	0.77	19.36
		纵向砂坝(心滩)	19.85	10.43	0.79	8.03
	$P_1x^1_下$	废弃河道	1.95	4.02	0.19	
		横向砂坝(心滩)	5.60	5.72	0.30	
		纵向砂坝(心滩)	7.65	8.69	0.57	
J82	P_1x^3	点坝或边滩	6.65	14.95	8.57	
	$P_1x^1_上$	纵向砂坝(心滩)	6.20	13.53	0.99	
		废弃河道	1.95	11.94	0.99	
	$P_1x^1_下$	横向砂坝(心滩)	1.80	11.85	0.97	
		纵向砂坝(心滩)	11.30	15.18	1.79	
J46	P_1x^3	决口扇或决口水道	3.70	5.56	0.51	
	P_1x^2	横向砂坝(心滩)	10.20	8.27	0.64	16.17
		纵向砂坝(心滩)	6.25	13.50	6.66	
	$P_1x^1_上$	废弃河道	4.25	4.52	0.13	
	$P_1x^1_下$	废弃河道	3.35	6.29	0.21	16.12
		横向砂坝(心滩)	4.65	7.82	0.38	7.55
		纵向砂坝(心滩)	14.05	11.42	0.65	11.34
J48	P_1x^3	点坝或边滩	12.30	6.55	0.62	8.93
	$P_1x^1_上$	废弃河道	2.10	6.55	0.69	4.74
		横向砂坝(心滩)	6.60	6.16	0.39	7.74
		纵向砂坝(心滩)	4.35	7.81	0.88	17.20
	$P_1x^1_下$	废弃河道	2.40	4.94	0.17	5.76
		纵向砂坝(心滩)	16.65	5.92	0.47	6.00

续表 3-3

井位	层位	沉积微相	厚度/m	平均孔隙度/%	平均渗透率/$\times 10^{-3} \mu m$	含气饱和度/%
J53	$P_1 x^3$	决口扇或决口水道	1.60	5.79	5.14	
		点坝或边滩	9.65	2.82	0.25	
	$P_1 x^2$	废弃河道	5.65	1.92	0.89	
		纵向砂坝(心滩)	4.20	6.69	6.87	16.70
	$P_1 x^1_上$	纵向砂坝(心滩)	8.40	7.14	1.57	22.58
	$P_1 x^1_下$	废弃河道	10.50	1.60	0.08	3.57
		横向砂坝(心滩)	5.65	1.38		
		纵向砂坝(心滩)	11.41	7.46	0.98	27.44
J70	$P_1 x^3$	点坝或边滩	5.15	8.97	4.15	6.35
	$P_1 x^2$	横向砂坝(心滩)	15.40	3.03	0.37	
	$P_1 x^1_上$	横向砂坝(心滩)	20.15	5.01	0.42	3.94
	$P_1 x^1_下$	横向砂坝(心滩)	29.53	6.40	0.74	10.93
		纵向砂坝(心滩)	7.15	9.12	1.62	19.35
J72	$P_1 x^1_下$	横向砂坝(心滩)	24.00	2.10	0.10	6.88
		纵向砂坝(心滩)	4.00	10.35	0.45	50.34
J32	$P_1 x^3$	点坝或边滩	6.75	6.36	1.87	
	$P_1 x^2$	横向砂坝(心滩)	5.10	3.80	0.14	
		纵向砂坝(心滩)	4.95	6.94	2.03	
	$P_1 x^1_上$	废弃河道	3.15	4.77	0.13	
		横向砂坝(心滩)	20.30	4.09	0.24	
	$P_1 x^1_下$	横向砂坝(心滩)	15.65	7.37	0.37	1.19
		纵向砂坝(心滩)	6.75	16.60	3.37	35.26

通过对连井地震剖面的解释与约束,进而完成了对相应地层连井对比剖面和沉积断面图的编制。结果表明(图3-6、图3-7):①盒一段至盒三段沉积时期地层分布较全、较稳定,无沉积间隔,地层厚度略有起伏,在J45—J82—J46—J48井区变化稍大,反映其沉积古地貌存在较

大差异,继而可能导致其沉积微相的差异;②河道砂体"垂向分异"明显,沉积构成单元从盒一段沉积时期以纵向砂坝、横向砂坝为主,厚度较大,多期砂体的垂向加积和侧向加积显著,连通性相对较好,至盒二段沉积时期则以横向砂坝、废弃河道为主(河道滞留沉积相对局限),砂体厚度明显减薄,以垂向加积为主,普遍多泥岩夹层,侧积较少,多孤立存在,连通性较差,再至盒三段时期,则发育点坝或边滩、决口扇或决口水道以及洪泛平原的曲流河沉积组合,砂体分布特征与盒二段晚期类似,孤立性更强,多以透镜状存在,泥岩夹层更多;③河道砂体平面分布呈"南北分带"趋势,盒一、盒二段沉积时期从北往南,大致以泊尔江海子断裂一线为界,北部主要为河道滞留沉积、高能纵向砂坝的组合,南部则以横向砂坝、废弃河道和洪泛平原组合为主;④随地质时间变新,高限低辫区、中限高辫区、低限游荡区的大致界线逐渐北移;⑤总体上,盒一、盒二段沉积时期砂岩储层中纵向砂坝的物性最好,要优于横向砂坝和废弃河道砂体,是比较好的储层,且储层物性由北往南呈逐渐变差的趋势(图3-5、表3-3、图3-8)。

在单井、连井等研究的基础上,利用砂岩厚度、砂地比、储地比等数据,可绘制研究区的砂体等厚图、沉积相图等。结果表明(图3-9、图3-10):①盒一段下部沉积时期,北部(泊尔江海子断裂以北)的高限低辫区、中限高辫区砂岩规模较大,连续性较好,反映辫状河道更为发育、水动力条件更强;南部(泊尔江海子断裂以南)的低限游荡区,其河道砂体规模明显减小,多呈孤岛状在主河道中出现;②盒一段上部沉积时期,砂体规模整体减小,厚度与连续性显著减小,中部和东部主河道水动力较强,心滩砂体相对发育,但基本上都是以孤岛状形态存在。

综上所述,北部远源"源-汇"系统沉积、储层特征可用表3-4总结归纳。

表3-4 北部远源"源-汇"系统特征一览表

沉积相区	弯曲度	宽深比	沉积特征	岩性相	测井相	粒度曲线
高限低辫区	<1.5	<40	辫状窄,"砂包泥",内冲刷、纵向砂坝发育	砂砾岩和含砾粗砂岩	典型箱形—钟形	两段式
中限高辫区	<1.5	>40	辫状宽,"砂夹泥",斜向和横向砂坝发育	含砾粗砂岩和中砂岩	钟形—圣诞树形	两段式
低限游荡区	>1.5	<40	多交叉,"泥包砂",横向和废弃砂坝发育	中—细粒砂岩	圣诞树形	近三段式

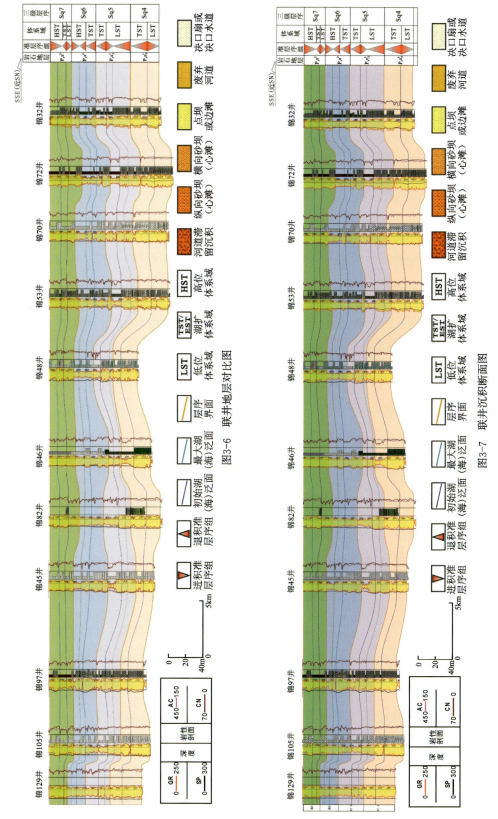

图3-6 联井地层对比图

图3-7 联井沉积断面图

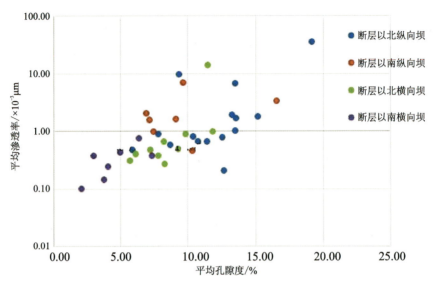

图 3-8　杭锦旗地区东部典型河道在泊尔江海子断裂两侧钻井心滩微相孔渗关系图

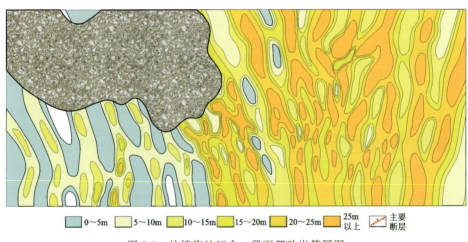

图 3-9　杭锦旗地区盒一段下部砂岩等厚图

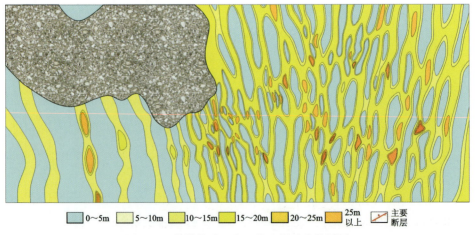

图 3-10　杭锦旗地区盒一段上部砂岩等厚图

二、公卡汗近源"源-汇"系统砂体展布与储层特征

公卡汗近源"源-汇"系统主要影响独贵加汗 J58 井区以及新召地区,而其中的 J58 井区作为目前杭锦旗地区最为关注的重点研究区域之一,可作为沉积、储层特征和砂体展布分析的良好对象,研究思路及流程与北部远源"源-汇"系统一致。

独贵加汗 J58 井区受混合物源影响,即北部的乌兰格尔物源(西北物源)和西北部的公卡汗物源,其中乌兰格尔物源以发育长源或远源的辫状河道为主,隶属于区域上的西北部物源;而公卡汗物源则以短源或近源的辫状扇发育为主要物征(图 3-11)。辫状扇由多条辫状河道组合,呈扇体结构,水动力强,具有很强的牵引流特点,沉积物粒度大,颗粒大小混杂。在辫状扇前通常会发育辫状河,且以低辫为特征,因此也称为低辫状区。

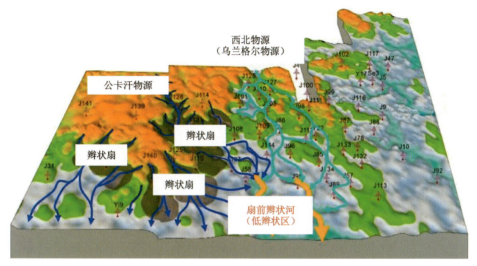

图 3-11 杭锦旗独贵加汗 J58 井区盒一段物源体系分布示意图

J115 井和 J107 井均位于公卡汗辫状扇区,其中 J107 井靠近扇区边缘。单井分析表明,辫状扇区岩性以砂砾岩、含砾粗砂岩为主,部分含砾中砂岩,高辫状河道发育,常见冲刷面和滞留沉积,测井曲线以锯齿箱形或箱形-钟形为主(图 3-12)。此外,该井区还发育部分颗粒流沉积,主要岩性为含砾粗砂岩,常具漏斗形测井曲线,其孔隙度和渗透率往往比辫状河道更大,如 J115 井盒一段辫状扇区辫状河道的孔隙度平均为 3.88%,渗透率平均为 0.26×10^{-3} μm,而颗粒流的平均孔隙度与平均渗透率分别可达 5.06% 和 0.31×10^{-3} μm。低辫状区与北部远源"源-汇"系统中的高限低辫区相当,因此,表现出辫状窄,"砂包泥"的特点,其内冲刷构造,纵向砂坝广泛发育。

结合地震解释成果与约束条件,多条连井沉积断面图揭示出公卡汗物源体系下石盒子组沉积时期普遍发育近源辫状扇和扇前辫状河道,而西北物源区主要为远源辫状河道,独贵加汗 J58 井区正好位于这两个物源体系交会的有利部位(图 3-13)。辫状扇沉积体系主要发育于 LST,在 EST、TST 和 HST 中仅有少量出现,其地理位置位于独贵加汗的西部和西北部,独贵加汗东部和东南部以扇前或远源辫状河沉积体系的辫状河道砂沉积为主。

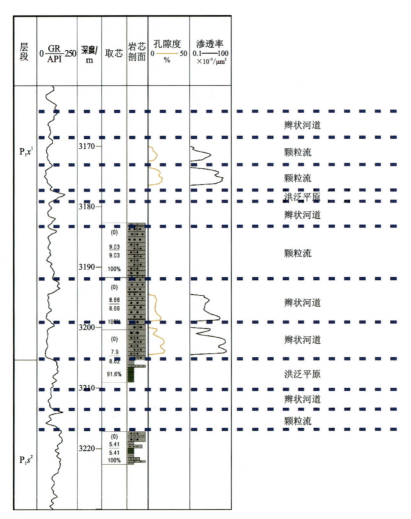

图 3-12　杭锦旗独贵加汗 J58 井区盒一段辫状扇区沉积特征

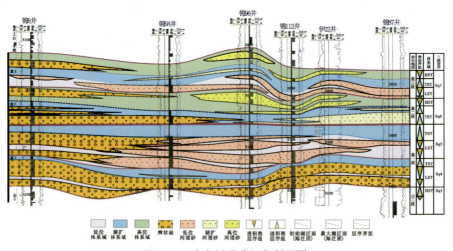

图 3-13　公卡汗联井沉积断面图

剖面研究表明:①与北部远源"源-汇"系统类似,J58井区也可进一步划分出河道滞留沉积、(高能)纵向砂坝、横向砂坝、废弃河道充填和洪泛平原等沉积微相,各沉积微相所含的典型岩性相见表3-1,其中河道滞留沉积包括块状层理的中—细砾岩相、块状层理的含砾中—粗砂岩相、块状层理的中—粗砂岩相;高能纵向砂坝包括低角度交错层理的含砾中—粗砂岩相和平行层理的含砾中—粗砂岩相;横向砂坝主要为板状交错层理的中—细砂岩相和槽状交错层理的中—细砂岩相;废弃砂坝主要发育攀升层理或波纹交错层理的细砂岩相;洪泛平原主要发育水平层理泥岩相(图3-14)。②具有"南北分带"特征,以泊尔江海子断裂往西的延长线为界,由北往南,独贵加汗地区的岩性组分长石含量逐渐减少,沉积微相也由北部的河道滞留沉积、高能纵向砂坝和废弃河道充填逐渐相变为南部的横向砂坝和洪泛平原,与此对应,北部的储层物性整体优于南部的储层物性(表3-5)。③地质时间上,盒一段下部时期以发育纵向砂坝和废弃砂坝为主,而盒一段上部时期则主要发育横向砂坝和泛滥平原。

a.块状层理中—细砾岩相(J103)　　b.块状层理含砾中—粗砂岩相(J101)　　c.块状层理中—粗砂岩相(J89)

d.低角度交错层理的含砾中—粗砂岩相(J101)　　e.平行层理的含砾中—粗砂岩相(J101)

f.板状交错层理的中—细砂岩相(J89)　　g.槽状交错层理的中—细砂岩相(J89)

h.攀升层理或波纹交错层理的细砂岩相(J95)　　i.块状层理的灰黑色泥岩相(J89)

图3-14　独贵加汗地区各沉积微相所含的典型岩性相

综上，公卡汗"源-汇"系统沉积、储层特征可用表3-6总结归纳。

表3-5 从泊尔江海子往西延长线为界的独贵加汗地区南北部盒一段的储层物性分布

盒一段	孔隙度/%	孔隙度均值/%	渗透率/×10^{-3} μm^2	渗透率均值/×10^{-3} μm^2
北	0.05～21.9	9.59	0.04～7.27	0.8
南	0.04～16.4	5.42	0.01～6.47	0.46

表3-6 公卡汗近源"源-汇"系统特征一览表

沉积相区	沉积特征	岩性相	测井相	粒度曲线
辫状扇区	扇形—扇面高辫状河道发育，多冲刷面和滞留沉积	砂砾岩，含砾中—粗砂岩	多锯齿箱形	两段式
低辫状区	辫状窄，"砂包泥"，内冲刷、纵向砂坝发育	砂砾岩和含砾粗砂岩	典型箱形—钟形	两段式

此外，利用地震、测井资料和地质认识，在稀疏脉冲波阻抗反演的基础上对独贵加汗地区开展了高分辨率地质统计学反演，进行了砂体展布的预测。反演流程主要包括：①不同岩相岩石物理参数分析；②井震标定与子波提取；③建立构造低频模型，开展确定性反演；④地质统计学模拟、反演及协模拟；⑤反演结果地质资料质控。研究表明预测结果与实际钻井资料吻合度较高，可为认识该区砂体分布提供依据，为寻找油藏有利区奠定基础。通过对地质统计学反演结果的精细解剖可知，独贵加汗地区辫状河道在地震剖面上的充填模式可以划分为垂向加积型、侧向加积型、复合型和不连续型四大类，其中垂向加积型又可根据离物源的远近进一步细分为厚层和薄互层两种。垂向加积型充填模式主要是反映辫状河道受地貌隆坳格局控制，在地势较低部位，连续垂向加积形成的沟谷限制型辫状河道充填模式；侧向加积型充填模式主要是反映在地势相对平缓的地区，辫状河道侧向沉积形成；复合型充填模式即为垂向加积型和侧向加积型的综合，受物源、地貌等因素的控制，早先为侧向加积模式，后期受地貌局限控制，为垂向加积特征；而不连续型充填模式主要反映辫状河道交叉切割，砂体横向连续性差，砂体厚度较薄（图3-15）。

通过井震约束的岩相地质统计学的反演结果，结合过不同方向的连井岩相剖面的层位和砂层组的精细标定，可清晰地展现山西组—下石盒子组各砂层的时空分布特征（图3-16、图3-17）。结果表明：山一段岩相以泥岩为主，砂岩岩相含量很少且孤立发育，山二段砂岩明显增多且开始连片发育。在横切物源的方向上，山二段砂层组的单砂层显示为透镜状，可叠覆呈连片状。

在顺物源方向上，山二段砂层组的单砂层显示为透镜状，可叠覆呈连片状。在顺物源方向上，山二段砂层组的单砂层具比较明显的成层连片状，砂体厚度较薄。下石盒子组沉积时期较山西组沉积时期砂体明显增多，厚度增大。盒一段砂层组厚度较大，多个单砂组叠连片发育，在J58井区的不同方向剖面上均显示长透镜状，但在顺物源剖面上，越靠近物源透镜体越相连，砂体厚度较大，且连片呈板席状；在横切物源剖面上，单砂层为相对孤立的透镜体，在J58井区单透镜体较厚，侧向延伸较短。盒二段、盒三段砂层组在横切和顺切物源的剖面上均显示透镜体，但在顺切剖面上透镜体相连呈层状。

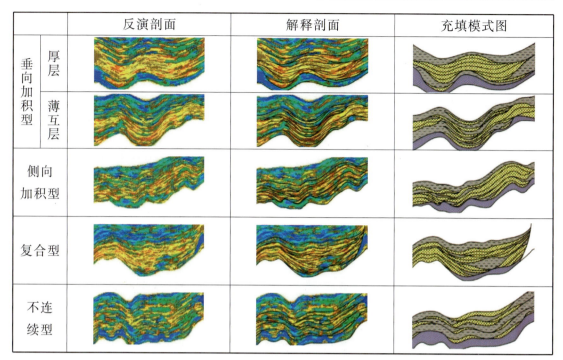

图 3-15 J58 井区三维区河道充填模式综合图

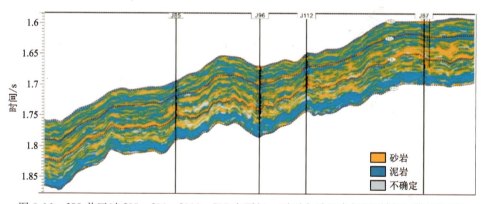

图 3-16 J58 井区过 J85—J96—J112—J87 山西组—下石盒子组岩相预测剖面（横切物源）

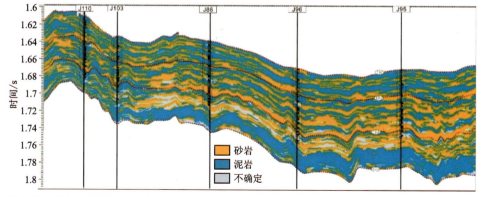

图 3-17 J58 井区过 J110—J103—J86—J96—J95 山西组—下石盒子组岩相预测剖面（顺物源）

针对独贵加汗锦地区的目标层位盒一段,地质统计学反演结果表明(图 3-18):公卡汗物源体系和西北物源体系的交会区是砂体(图中橙色所示)发育的有利部位(蓝色虚线椭圆所示),分别自西北方向沿 J114 井区、J131 井区经 J108 井区向 J58 井区供源;西部方向沿 J115 井区经 J107 井区向 J58 井区供源;北部方向自 J101 井区经 J110、J103 井向 J86、J96、J95 井区以及自 J111、J99 井区经 J98、J87 往南部的 J112、J133、J85、J95 等井区供源。同时,可看到公卡汗物源体系形成的辫状扇及扇前辫状河道的发育与展布与断裂体系的分布吻合较好,尤其是西北部的 J131 井至 J58 井区、北部的 J110 井经 J103、J86 至 J96 井区等,显示了构造对沉积的重要控制作用(图 3-19)。

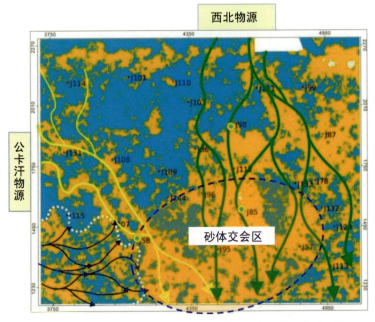

图 3-18　独贵加汗地区盒一段地质统计学反演砂体展布平面图

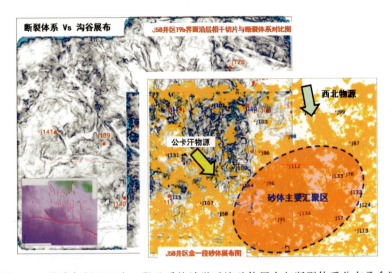

图 3-19　独贵加汗地区盒一段地质统计学反演砂体展布与断裂体系分布叠合图

第三节 不同井区典型气藏储层非均质性特征

一、河道砂体叠置模式

依据北部远源"源-汇"系统与公卡汗近源"源-汇"系统约束下沉积体系分析，认为杭锦旗地区盒一段为辫状河三角洲沉积：①盒一段下部为初始沉降、隆坳残存构造与古地貌格局，此阶段为低辫状河道-沟谷充填沉积，整体沉积以砂岩段为主；②盒一段上部为沉积填平补齐阶段，此阶段为砂夹泥阶段。依据单井与沉积砂体断面图综合分析认为，杭锦旗地区盒一段砂体主要有连续叠加型、间隔叠加型、侧向尖灭型和砂泥互层型。连续叠加型主要发育在心滩微相和水下分流河道微相，砂体空间连通性好；间隔叠加型主要发育在心滩微相和水下分流河道微相，连通性受隔夹层厚度影响，隔夹层越薄，连通性越好；侧向尖灭型主要发育在分流河道间微相和泛滥平原微相，不连通或连而不通；砂泥互层型主要发育在分流河道间微相和泛滥平原微相，不连通(图 3-20)。

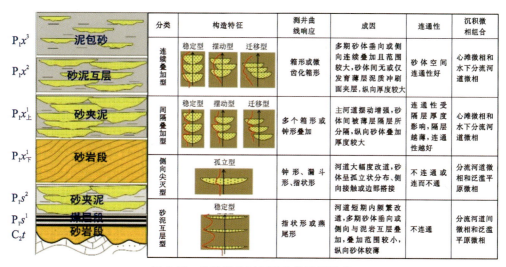

图 3-20　杭锦旗地区河道砂体叠置模式

二、薄片解剖河道砂体微观非均质性

河道砂体不同部位的岩层非均质性强，以独贵加汗地区 J98 井为例，心滩的厚层砂体中部，主要以溶蚀作用为主，少量的方解石胶结；河道底部，石英颗粒粗，以强压实作用为主(图 3-21)。

通过大量薄片的观察和鉴定，并结合实测物性，发现心滩沉积微相的物性是最好的，其次是河道沉积微相，物性相对较好，再其次是分流河道间沉积微相，物性相对较差，最后是泛滥平原沉积微相，物性最差(图 3-22)。

a.J98井,3 061.11m
心滩厚层砂体中部:溶蚀作用为主,
少量方解石胶结

b.J98井,3 084.27m
河道底部:颗粒粗,强压实作用为主

图 3-21　J98 井不同沉积微相储层发育特征

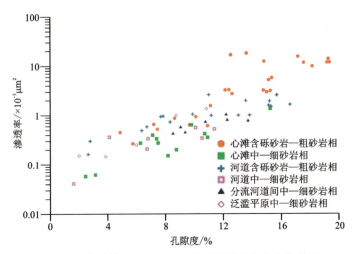

图 3-22　杭锦旗地区上古生界储层沉积微相与物性关系

根据薄片观察与定量统计,将鄂尔多斯盆地上古生界致密砂岩储层的成岩相类型划分为 5 类:Ⅰ类具绿泥石包壳-弱胶结-中等溶蚀成岩相;Ⅱ类中等压实-石英中胶结-弱至中溶蚀成岩相;Ⅲ类中等压实-中至强溶蚀-高岭石充填成岩相;Ⅳ类强压实-弱胶结-弱溶蚀成岩相;Ⅴ类弱压实-方解石强胶结-弱溶蚀成岩相。各种成岩相发育的主要岩相、沉积微相以及各成岩作用对面孔率的贡献大小可见表 3-7。

Ⅰ类具绿泥石包壳-弱胶结-中等溶蚀成岩相,弱压实弱胶结,部分绿泥石包壳发育,原生孔隙为主,孔喉结构以ⅠA和ⅠB为主,孔隙连通性最好。该类成岩相主要发育于心滩和河道强水动力下形成的含砾砂岩和粗砂岩相(表 3-7,图 3-23)。

Ⅱ类具中等压实-石英中胶结-弱至中溶蚀成岩相,石英胶结物发育,溶蚀弱至中等,以次生溶蚀孔隙和残余原生孔隙为主,孔喉结构以ⅠB和ⅡA为主,孔隙连通性较好。该类成岩相主要发育于心滩和河道的粗砂岩相,石英与变质石英岩岩屑含量高(表 3-7,图 3-23)。

Ⅲ类具中等压实-中至强溶蚀-高岭石充填成岩相,高岭石强烈充填孔隙,次生溶蚀孔隙和晶间孔隙为主,孔喉结构以ⅡA和ⅡB为主,孔隙连通性不好。该类成岩相主要发育于心滩和河道的中—细砂岩相,长石、岩屑等不稳定组分含量高(表 3-7,图 3-23)。

表 3-7 杭锦旗地区上古生界致密砂岩储层成岩相类型划分表

分类	成岩相类型	岩相	沉积微相	胶结物类型	压实损失面孔率/%	胶结损失面孔率/%	溶蚀面孔率/%	孔隙类型
Ⅰ	具绿泥石包壳-弱胶结-中等溶蚀	含砾砂岩、粗砂岩相	心滩、河道	少量高岭石、方解石	<10	<10	4~10,部分>10	原生孔隙为主,粒间、粒内溶蚀孔隙为辅
Ⅱ	中等压实-石英中胶结-弱至中溶蚀	粗砂岩、中细砂岩相	心滩、河道	石英	10~20	10~20,部分≥20	<4,部分4~10	次生溶蚀孔隙和残余原生孔隙为主
Ⅲ	中等压实-中至强溶蚀-高岭石充填	粗砂岩、中细砂岩相	心滩、河道	高岭石为主	10~20	10~20,部分≥20	4~10	次生溶蚀孔隙和晶间孔隙为主
Ⅳ	强压实-弱胶结-弱溶蚀	砾岩相、泥质砂岩和粉砂岩相	心滩、河道、泛滥平原和分流河道间	泥质为主,少量石英	>20	<10	<4	残余原始孔隙和杂基微孔为主
Ⅴ	弱压实-方解石强胶结-弱溶蚀	细砂岩、粉砂岩相	心滩、河道、泛滥平原和分流河道间	方解石	<10	>20	<4	胶结残余孔隙

Ⅳ类具强压实-弱胶结-弱溶蚀成岩相,压实强烈,以残余原始孔隙和杂基微孔为主,孔喉结构以ⅢA和ⅢB为主,孔隙连通性差。该类成岩相主要发育于心滩和河道的底部砾岩以及河漫滩和分流河道间的薄层泥质砂岩相(表3-7,图3-23)。

Ⅴ类具弱压实-方解石强胶结-弱溶蚀成岩相,方解石强烈胶结,孔隙不发育,孔喉结构以ⅢA和ⅢB为主,孔隙连通性极差。该类成岩相主要发育于心滩和河道的厚层砂体边部、河漫滩和分流河道间的薄层砂体(表3-7,图3-23)。

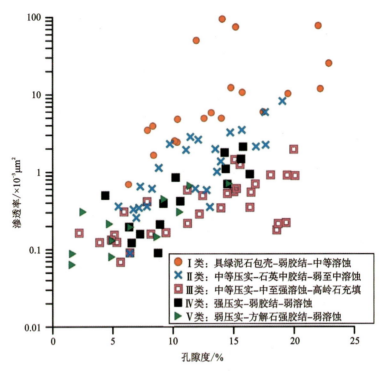

图 3-23　杭锦旗地区上古生界储层各类成岩相与物性关系

三、测井曲线解剖河道砂体宏观非均质性

目前成岩相的识别与划分主要是根据实验资料统计分析来完成的,受限于取芯成本,一个地区的岩芯薄片资料总是有限的,因此需借助其他手段对所划分成岩相进行评价、验证。测井技术获取的地层信息主要是地层的各种岩石物理性质,资料较全且较准,可在薄片分析确定成岩相的基础上分析不同成岩相的测井曲线特征,建立成岩相测井识别标准,从而有效地评价成岩相。

1. 建立不同成岩相-测井相识别图版

Ⅰ类具绿泥石包壳-弱胶结-中等溶蚀成岩相:测井曲线主要表现为低密度、高声波、高中子、中高伽马、低电阻率(图 3-24a)。

Ⅱ类中等压实-石英中胶结-弱至中溶蚀成岩相:测井曲线主要表现为低密度、中低声波、中高中子、低伽马、中低电阻率(图 3-24b)。

Ⅲ类中等压实-中至强溶蚀-高岭石充填成岩相:测井曲线主要表现为低密度、中低声波、中高中子、高伽马、中低电阻率(图 3-24c)。

Ⅳ类强压实-弱胶结-弱溶蚀成岩相:测井曲线主要表现为高密度、低声波、低中子、高伽马、高电阻率(图 3-24d)。

Ⅴ类弱压实-方解石强胶结-弱溶蚀成岩相:测井曲线主要表现为中高密度、中低声波、低中子、中高伽马、中高电阻率(图 3-24e)。

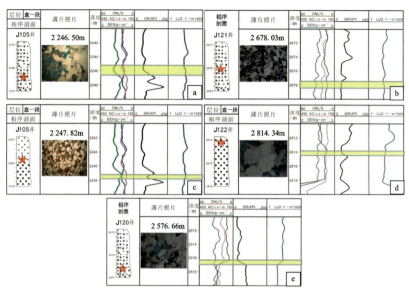

图 3-24 杭锦旗地区上古生界储层不同成岩相测井识别图版

a.具绿泥石包壳-弱胶结-中等溶蚀成岩相图版;b.中等压实-石英中胶结-弱至中溶蚀成岩相图版;c.中等压实-中至强溶蚀-高岭石充填成岩相图版;d.强压实-弱胶结-弱溶蚀成岩相图版;e.弱压实-方解石强胶结-弱溶蚀成岩相图版

2.定量判别函数与交会图综合识别成岩相

本次研究共选取下石盒子组194个样品点（岩芯观察+薄片分析），确定其成岩相类型，提取样品点的DEN、AC、CNL、GR、RD测井数据，利用SPSS软件建立各沉积成岩综合相的贝叶斯判别函数：

$Y1=13.68AC-16.908CNL+2462.235DEN+5.872GR-0.882LLD-4806.119$

$Y2=13.56AC-17.398CNL+2432.539DEN+5.879GR-0.899LLD-4691.269$

$Y3=13.118AC-16909CNL+2387.737DEN+5.835GR-0.78LLD-4482.904$

$Y4=13.202AC-16.921CNL+2386.592DEN+5.777GR-0.891LLD-4493.223$

$Y5=13.369AC-17.020CNL+2429.693DEN+5.833GR-0.704LLD-4645.488$

Y1、Y2、Y3、Y4、Y5分别为各成岩相类型贝叶斯判别函数值,根据贝叶斯判别后验概率值最大这一判别规则,即所得的函数值最大,可以判别各种沉积成岩综合相（表3-8）。

表3-8 杭锦旗地区上古生界致密砂岩贝叶斯判别概率

类型	预测类别				
	1	2	3	4	5
1	68.8	31.2	0	0	0
2	0	92.9	0	7.1	0
3	0	8.7	85	15	0
4	0	0	16.7	75	8.3
5	0	7.7	15.4	7.7	69.2

在对研究区所有薄片资料统计的基础上,进一步做散点图分析,利用 GR、AC、RT 曲线,可将不同的成岩相以交会图的形式区分开来。在上述综合统计分析的基础上,即可建立研究区不同成岩相判别标准,并可利用该标准对研究区的储集层进行成岩相的识别,进行储层成岩相分析。首先,以 AC-CN 交会图明显识别类型Ⅰ、类型Ⅱ和类型Ⅲ,以 AC-LLD 交会图识别类型Ⅲ和类型Ⅳ;其次,以 AC-GR 交会图明显识别类型Ⅲ和类型Ⅴ,以 AC-CN 交会图识别类型Ⅳ和类型Ⅴ(图 3-25)。

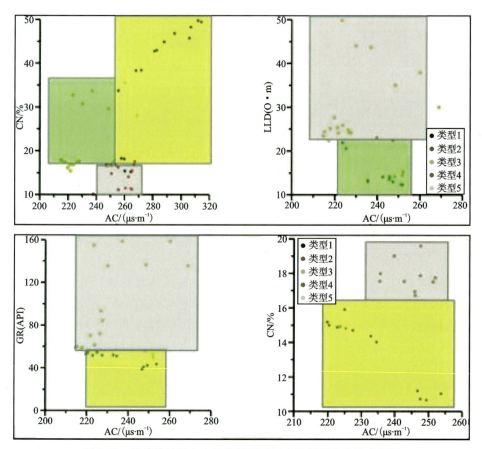

图 3-25　杭锦旗地区上古生界储层不同成岩相测井曲线交会图

3. 点上-测井成岩相铁柱子建立

通过上述方法,对杭锦旗地区 J72 井进行成岩相测井识别,作为检验,识别效果良好(图 3-26)。

4. 线上-测井成岩相铁篱笆

运用上述方法对杭锦旗什股壕地区盒一段河道砂体进行解剖。什股壕地区连井剖面为 J68 井—J44 井—J43 井—J39 井—J11 井,什股壕地区在厚层砂体的中部以溶解相为主,部分高岭石胶结相,什股壕地区碳酸盐岩强胶结较为发育(图 3-27)。

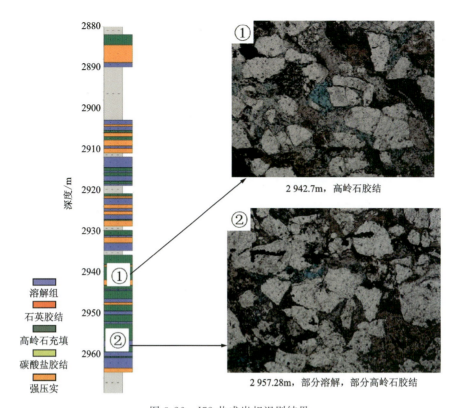

图 3-26 J72 井成岩相识别结果

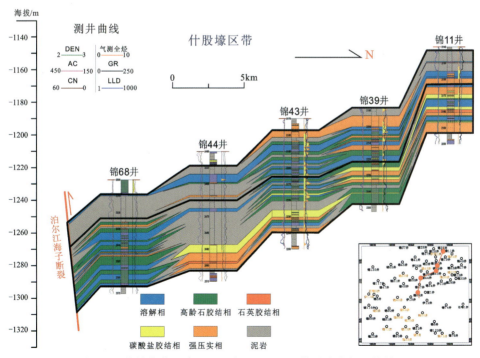

图 3-27 杭锦旗什股壕地区上古生界盒一段储层成岩相连井剖面

第四节 不同井区典型气藏甜点储层评价与预测

一、致密砂岩储层类型划分

综合运用杭锦旗地区薄片观察、实测物性与解释物性资料、压汞,结合试油解释资料,研究不同孔隙度区间内,储集空间与孔隙结构特征,将储层类别划分为 4 种类型(表 3-9)。

表 3-9　杭锦旗地区上古生界储层盒一段储层类型划分

储层类型	Ⅰ类优质储层	Ⅱ类中等储层	Ⅲ类差储层
物性特征	$\Phi>10\%$,$\kappa>0.5\times10^{-3}\ \mu m^2$	$10\%>\Phi>5\%$,$0.5\times10^{-3}\ \mu m^2>\kappa>0.2\times10^{-3}\ \mu m^2$	$\Phi<5\%$,$\kappa<0.2\times10^{-3}\ \mu m^2$
储集空间	孔隙发育,原生与次生并存	以溶蚀孔隙和黏土矿物晶间孔隙为主	显孔不可见,可见少量泥质间微孔
孔喉连通特征	最好	较好	最差
平均孔喉半径	分布在 $0.1\sim0.5\ \mu m$ 和 $5\sim20\ \mu m$	$0.1\sim0.5\ \mu m$ 为主,部分 $5\sim20\ \mu m$	$<0.5\ \mu m$
最大连通孔喉半径	分布在 $3\sim5\ \mu m$ 和 $>20\ \mu m$	$1\sim3\ \mu m$,部分 $>5\ \mu m$	$<3\ \mu m$,部分 $<0.5\ \mu m$

注:Φ 为孔隙度,κ 为渗透率。

在杭锦旗地区上古生界盒一段成岩相剖面的基础上,依据各单井实测物性与解释物性数据,绘制了杭锦旗地区上古生界盒一段渗透率与孔隙度分布(图 3-28,图 3-29)剖面。杭锦旗什股壕地区整体上物性较好,河道砂体中部孔隙度大于 10%,渗透率大部分大于 $0.5\times10^{-3}\ \mu m^2$,厚层砂体的顶部主要发育方解石胶结相,从而导致砂岩的储层物性变差,孔隙度小于 5%;渗透率降低更为明显,小于 $0.2\times10^{-3}\ \mu m^2$。

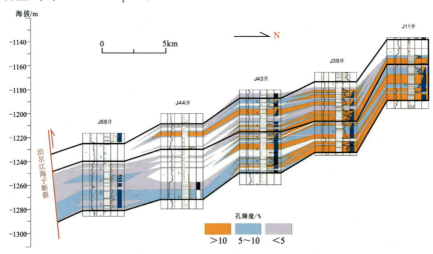

图 3-28　杭锦旗什股壕地区上古生界盒一段渗透率分布剖面

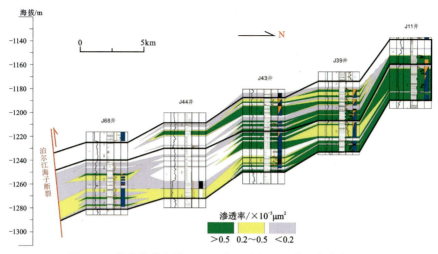

图 3-29 杭锦旗什股壕地区上古生界盒一段渗透率分布剖面

二、甜点储层分布规律

1. 剖面展布规律

在杭锦旗地区上古生界盒一段砂体物性展布的基础上,依据储层类型划分标准,绘制了杭锦旗地区上古生界盒一段储层类型展布剖面(图 3-30)。

杭锦旗独贵加汗地区厚层砂体中部溶蚀相以Ⅰ类储层为主,高岭石胶结成岩相和石英胶结成岩相以Ⅱ类储层为主,碳酸盐胶结相和压实相以Ⅲ类储层为主。整体上独贵加汗地区原始沉积组构好,物性高值区发育,Ⅰ类储层发育的厚度和延伸距离较大,储层含油饱和度高,以发育气层为主;而Ⅱ和Ⅲ类储层含油饱和度有降低趋势,以发育含气水层、含气层和干层为主。因此储层类型对储层含油性具有很好的控制作用(图 3-31a)。

杭锦旗新召地区部分厚层砂体的中部是以Ⅰ类储层为主,相比独贵加汗地区Ⅰ类储层的发育厚度及延伸宽度有减小趋势,在新召地区主要发育石英胶结成岩相,从而导致砂体中部发育Ⅱ类和Ⅲ类储层,砂体的底部由于强压实成岩相发育Ⅲ类储层,Ⅰ类储层主要以气层、气水同层和含气水层为主,而Ⅱ和Ⅲ类储层主要以含气水层和干层为主,整体储层含气饱和度较高(图 3-31b)。

杭锦旗十里加汗地区在部分厚层砂体的中部发育Ⅰ类储层和Ⅱ类储层,整体上十里加汗地区储层主要以Ⅱ类储层和Ⅲ类储层为主,Ⅰ类储层和Ⅱ类储层主要以气水同层和含气水层为主,而Ⅲ类储层主要以含气水层和干层为主,整体上储层含气饱和度较独贵加汗地区和新召地区低(图 3-31c)。

杭锦旗什股壕地区在厚层砂体的中部主要发育Ⅰ类储层,厚度大延伸距离较大,局部发育Ⅲ类储层,由于什股壕地区距离烃源岩的距离较远,从而导致储层的含气性一般,Ⅰ类储层主要以含气水层为主,Ⅱ类储层主要以含气水层和含水气层为主,Ⅲ类储层主要以干层为主(图 3-31d)。

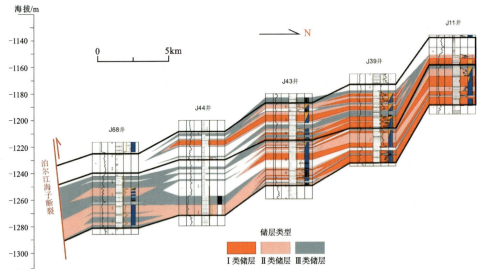

图 3-30　杭锦旗什股壕地区上古生界盒一段储层类型剖面分布

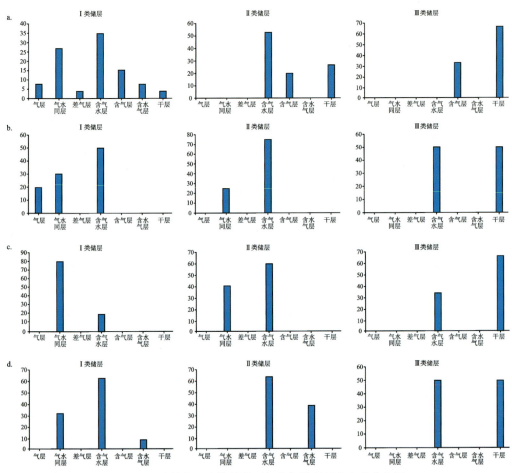

图 3-31　杭锦旗地区储层类型与含气类型百分含量直方图
a.独贵加汗地区；b.新召地区；c.十里加汗地区；d.什股壕地区

2. 平面展布规律

在杭锦旗不同地区盒一段物性数据与测井成果含油性解释的基础上,绘制了杭锦旗不同地区盒一段储层物性与储层类型平面分布图(图 3-32)。

杭锦旗独贵加汗地区在盒一段下部砂组(或准层序组)中,Ⅰ类储层主要有 J126 井、J110 井、J86 井、J112 井、J134 井等;Ⅱ类储层主要有 J88 井、J10 井、J89 井、J107 井、J87 井、J58 井等。盒一段下部砂组的优质储层主要发育在辫状扇以及中部辫状河近源处(图 3-32a～c)。

杭锦旗独贵加汗地区在盒一段上部砂组中,Ⅰ类储层主要分布在 J129 井、J110 井、J93 井、J98 井、J133 井等;Ⅱ类储层主要分布在 J86 井、J8 井、J112 井、J96 井、J85 井、J95 井、J113 井、J133 井、J88 井等。盒一段上部砂组的优质储层主要发育在辫状扇近源主体部位以及中部河道近源处(图 3-32d～f)。

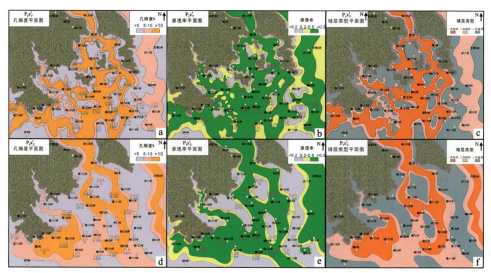

图 3-32 杭锦旗独贵加汗地区盒一段孔隙度、渗透率和储层类型平面分布图

杭锦旗新召地区在盒一段下部砂组中,Ⅰ类储层主要分布在 J130 井、J153 井、J63 井、J59 井、J137 井等;Ⅱ类储层主要分布在 J136 井、J29 井、苏 101 井等。盒一段下部砂组的优质储层主要发育在河道的主体部分(图 3-33a～c)。

杭锦旗新召地区在盒二段上部砂组中,Ⅰ类储层主要分布在 J136 井、J130 井、J137 井、苏 101 井;Ⅱ类储层主要分布在 J79 井、J153 井、J61 井、J25 井等。盒二段上部砂组的优质储层主要发育在河道的主体中心部分(图 3-33d～f)。

杭锦旗十里加汗与什股壕地区在盒一段下部砂组中,Ⅰ类储层主要分布在 J65 井、J41 井、J67 井、J9 井、J74 井、J88 井、J45 井等;Ⅱ类储层主要分布在 J5 井、J75 井、J76 井、J47 井等。盒一段下部砂组的优质储层主要发育在河道的主体部分近源处(图 3-34a～c)。

杭锦旗十里加汗与什股壕地区在盒一段上部砂组中,Ⅰ类储层主要分布在 J45 井、J117 井、J69 井、J7 井、J75 井、J72 井等;Ⅱ类储层主要分布在 J82 井、J90 井、J116 井、J93 井。盒一段上部砂组的储层主要以Ⅱ类储层和Ⅲ类储层为主(图 3-34d～f)。

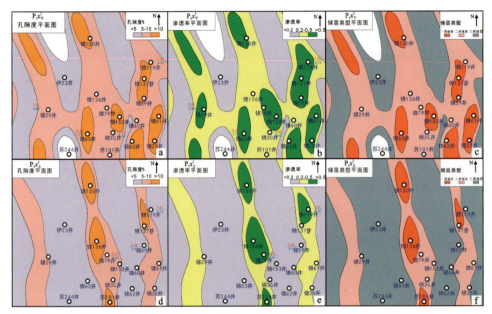

图 3-33　杭锦旗新召地区盒一段孔隙度、渗透率和储层类型平面分布图

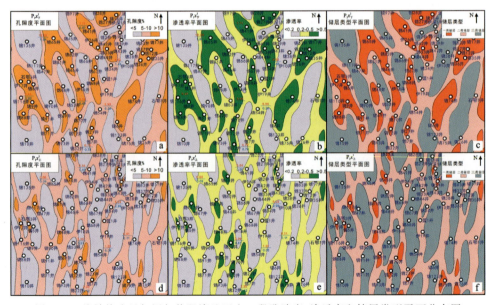

图 3-34　杭锦旗十里加汗与什股壕地区盒一段孔隙度、渗透率和储层类型平面分布图

综合来看,盒一段下部砂组整体物性好于盒一段上部砂组,盒一段下部砂组是最优质储层。

3. 储层评价

杭锦旗独贵加汗地区心滩厚度大于 2m,含气饱和度大于 20%(含气层);随着储层厚度增加,含气饱和度增加趋势最快,为 4 个井区中最优甜点井区(图 3-35,表 3-10)。

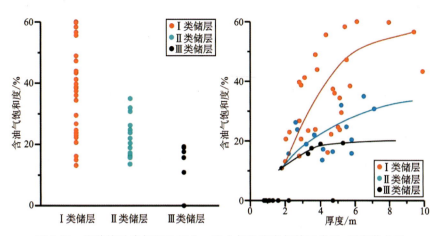

图 3-35 杭锦旗独贵加汗地区盒一段含气饱和度与储层类型、厚度散点图

表 3-10 杭锦旗独贵加汗地区盒一段储层评价参数

参数类别	参数	北部冲积扇(扇中),地层+岩性成藏区	南部辫状河,岩性成藏区
源岩参数	生气强度/($\times 10^8 \text{m}^3 \cdot \text{km}^{-2}$)	15~20	20~30
沉积特征	岩相	(含砾)粗砂岩	粗砂岩、中砂岩
	测井相	箱形、钟形	齿化箱形、钟形
	粒度曲线	两段式	三段式
储层参数	孔隙度/%	1.50/10.23/20.08	0.80/5.80/11.20
	渗透率/$\times 10^{-3} \mu\text{m}^2$	0.01/0.68/6.08	0.06/0.48/3.30
	砂层厚度/m	44.57	37.44
	储层厚度/m	29.10	24.23
封堵参数	储/地厚度比	0.41	0.39
	储/砂厚度比	0.68	0.64
	气/砂厚度比	0.39	0.23

杭锦旗新召地区心滩厚度大于 2.5m,含气饱和度大于 20%(含气层);随着储层厚度增加,含气饱和度增加趋势次之,为 4 个井区中相对优质甜点井区(图 3-36,表 3-11)。

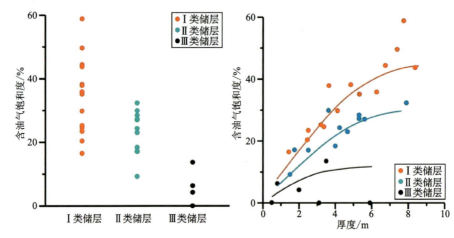

图 3-36　杭锦旗新召地区盒一段含气饱和度与储层类型、厚度散点图

表 3-11　杭锦旗新召地区盒一段储层评价参数

参数类别	参数	北部冲积扇（扇中），地层＋岩性成藏区
源岩参数	生气强度/（×10⁸m³·km⁻²）	15～20
沉积特征	岩相	（含砾）粗砂岩
	测井相	箱形、钟形
	粒度曲线	三段式
储层参数	孔隙度/%	7.80
	渗透率/×10⁻³μm²	0.50
	砂层厚度/m	39.83
	储层厚度/m	22.59
封堵参数	储/地厚度比	0.36
	储/砂厚度比	0.57
	气/砂厚度比	0.44

杭锦旗十里加汗地区心滩厚度大于4m，含气饱和度大于20%（含气层）；随着储层厚度增加，含气饱和度增加趋势相对缓慢，为4个井区中相对一般甜点井区（图3-37，表3-12）。

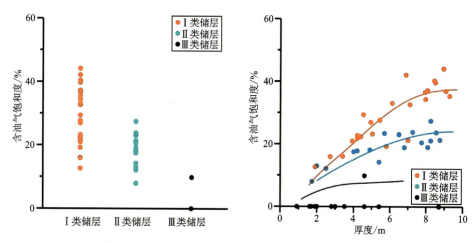

图 3-37　杭锦旗十里加汗地区盒一段含气饱和度与储层类型、厚度散点图

杭锦旗什股壕地区心滩厚度大于 6m,含气饱和度大于 20%(含气层);随着储层厚度增加,含气饱和度增加趋势最慢,为 4 个井区中最差类井区(图 3-38,表 3-12)。

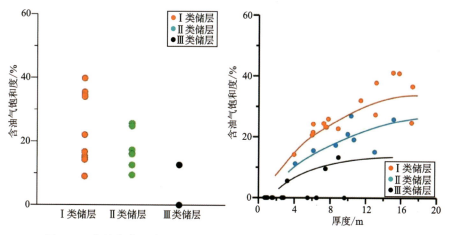

图 3-38　杭锦旗什股壕地区盒一段含气饱和度与储层类型、厚度散点图

表 3-12　杭锦旗十里加汗与什股壕地区盒一段储层评价参数

参数类别	参数	十里加汗南部,源内岩性成藏区	十里加汗北部,源内复合成藏区	什股壕,源侧构造成藏区
源岩参数	生气强度/($\times 10^8 m^3 \cdot km^{-2}$)	15~20	10~15	0~8
沉积特征	岩相	粗砂岩、中砂岩	粗砂岩	含砾粗砂岩
	测井相	齿化箱形、钟形	箱形、钟形	箱形、钟形
	粒度曲线	三段式	三段式	两段式

续表 3-12

参数类别	参数	十里加汗南部，源内岩性成藏区	十里加汗北部，源内复合成藏区	什股壕，源侧构造成藏区
储层参数	孔隙度/%	8.8	8.10	12.3
	渗透率/($\times 10^{-3} \mu m^2$)	0.56	1.20	1.6
	砂层厚度/m	28.3	30.70	29.7
	储层厚度/m	18.6	21.80	28.6
封堵参数	储/地厚度比	0.27	0.33	0.51
	储/砂厚度比	0.66	0.71	0.96
	气/砂厚度比	0.53	0.41	0.32

第四章 天然气运聚动力学机制

与常规油气藏浮力控藏不同,致密气藏主要受控于充注动力及阻力差值,即净动力(源储压差)。其中,充注动力的形成及大小主要受砂岩相邻源岩以生烃作用或欠压实为主导的多类型增压机制的影响,而充注阻力主要受控于储层,即砂岩沉积-成岩综合演化过程,砂岩储层物性演化及成藏关键时刻的净动力大小对致密气藏的富集十分关键。本章基于杭锦旗地区最新勘探及开发资料,以鄂尔多斯盆缘过渡带烃源岩评价、天然气成因及来源分析为基础,以储层致密化与天然气充注时序分析(包括天然气充注期次与时间厘定,储层成岩演化序列及储层孔隙度演化恢复)和天然气充注动力与阻力演化历史重建(压力结构、成因判识分析及超压演化史模拟)为核心,结合主要目的层天然气运聚模拟分析,总结鄂尔多斯盆缘过渡带天然气运聚动力学机制。

第一节 烃源岩特征及天然气成因

一、烃源岩评价

1. 烃源岩展布

杭锦旗地区上古生界主要发育了两套烃源岩,分别为石炭纪太原组和二叠纪山西组煤系地层(薛会等,2010;陈敬轶等,2016),岩性主要为煤层、暗色泥岩及碳质泥岩,已被钻井和野外露头所证实。根据多口探井及地震资料,研究区上古生界烃源岩分布具有从南东向北西逐渐减薄趋势,东南部上古生界煤层和暗色泥岩总厚30~60m,西北部源岩厚度一般在20m左右,其中浩绕召附近缺失山西组—太原组烃源岩。煤层展布与烃源岩厚度变化趋势一致,煤层厚度约占整个烃源岩厚度的30%(图4-1)。太原组烃源岩主要分布在研究区的东南部,为一套海陆交互相的滨浅海和潮坪环境沉积产物,岩性主要为煤层、暗色泥岩及碳质泥岩,烃源岩厚度由南向北逐渐变薄,最大厚度约为30m。山西组烃源岩主要为一套陆相的扇三角洲沉积,岩性与太原组一致,厚度相当,但山西组烃源岩分布范围更广,除了公卡汗凸起、什股壕西北部外,研究区内皆有分布。烃源岩厚度同样具有由南向北逐渐减薄的趋势,厚度在10~40m之间。煤层最大厚度约20m,主要集中在研究区南部。

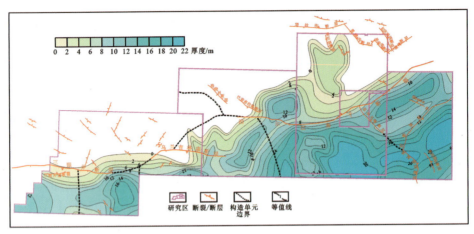

图 4-1 杭锦旗地区太原组—山西组煤层厚度图

2. 有机质丰度

烃源岩基本地球化学特征主要包括有机质丰度、有机质类型和有机质成熟度 3 个方面，其中有机质丰度评价是烃源岩评价中最基础、最重要部分。科学、合理地评价烃源岩有机质丰度需要一个公认的标准体系。国内外学者在长期勘探实践和实验室模拟研究工作的基础上，针对不同类型烃源岩提出了相应的评价标准。目前研究认为不同类型烃源岩有机质丰度评价标准有所差异，因此在对烃源岩进行有机质丰度评价前，应根据研究区实际地质情况，选取合适的评价标准。

研究认为，科学评价烃源岩有机质丰度时，应综合考虑有机质类型、有机质成熟度等多个方面的因素。杭锦旗地区太原组—山西组烃源岩主要为海陆过渡相煤系烃源岩，有机质类型为Ⅲ—Ⅱ干酪根，目前普遍已达到以湿气为主的演化阶段，综合考虑以上因素，本次研究针对煤系不同性质的烃源岩，分别采用不同的评价指标，如对于泥岩着重评价其有机碳（TOC）含量，而对于碳质泥岩和煤岩，则着重参考生烃潜量（S_1+S_2），各自的评价标准参照表 4-1、表 4-2。

表 4-1 Ⅲ型干酪根泥岩有机质丰度评价标准（据秦建中等，2005）

评价级别	好	中等	差	非烃源岩
TOC/%	>4	1.5~4	0.75~1.5	<0.75
S_1+S_2/(mg·g^{-1})	>6.0	2.0~6.0	0.5~2.0	<0.5
氯仿沥青"A"/%	>0.15	0.05~0.15	0.02~0.05	<0.02
总烃 HC/×10^{-6}	>400	150~400	50~150	<50

表 4-2 沼泽相煤评价标准（据秦建中等，2005）

评价级别	好	中等	差	非烃源岩
$S_1+S_2/(\text{mg}\cdot\text{g}^{-1})$	>250	100～250	50～150	<50
氢指数 $I_H/(\text{mg}\cdot\text{g}^{-1})$	>300	150～300	100～200	<100
氯仿沥青"A"/%	>2.0	1.0～2.0	0.5～1.0	<0.5
总烃/%	>1.0	0.25～1.0	0.1～0.25	<0.1

1）泥岩

对实验测试所得的泥岩有机碳数据进行了统计，包括泊尔江海子断裂以南太原组 18 个数据、山西组 21 个数据及断裂以北山西组 14 个数据。

首先，比较断裂以南太原组、山西组泥岩 TOC，18 个太原组泥岩 TOC 分布在 0.27%～5.41%之间，平均值为 2.04%，其中好烃源岩（TOC>4%）占 17%，差—中等烃源岩（0.75%～4%）占 50%，而非烃源岩（<0.75%）占 33%（图 4-2）；对比山西组 21 个泥岩样品测试数据，TOC 分布在 0.14%～4.67%之间，平均值为 1.86%，其中好烃源岩所占比例占 14%，差—中等烃源岩占 43%，而非烃源岩占 43%（图 4-3）。对比之后不难得出太原组泥岩有机质丰度略高于山西组。

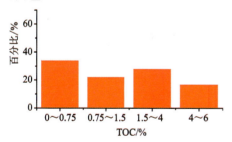
图 4-2 泊尔江海子断裂以南太原组泥岩 TOC 统计分布图

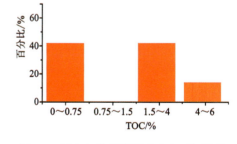
图 4-3 泊尔江海子断裂以南山西组泥岩 TOC 统计分布图

其次，比较泊尔江海子断裂南、北两侧的山西组泥岩 TOC，14 个断裂以北山西组泥岩 TOC 分布在 0.18%～2.34%之间，平均值为 0.95%，明显低于断裂以南的山西组泥岩，更低于太原组泥岩，且断裂以北山西组泥岩属差—中等烃源岩的比例达到 57%，而非烃源岩占 43%（图 4-4），不难看出，断裂以北山西组泥岩的有机质丰度远远低于断裂以南的泥岩。

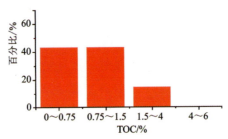

图 4-4　泊尔江海子断裂以北山西组泥岩 TOC 统计分布图

结合生烃潜量(S_1+S_2)这一指标,综合评价太原组、山西组泥岩。结果表明,(S_1+S_2)与 TOC 存在一定的正相关关系,复相关系数达 0.671,从图 4-5 可以看出,泊尔江海子断裂以北山西组泥岩生烃潜量最小,分布在 0~2mg/g 之间,利用 TOC-(S_1+S_2)判别图版,总体评价泊尔江海子断裂以南太原组、山西组泥岩属于差—中等烃源岩,且太原组略高于山西组,而泊尔江海子断裂以北的山西组泥岩则主体属于差烃源岩。

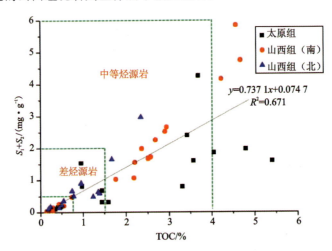

图 4-5　杭锦旗地区上古生界泥岩 TOC-(S_1+S_2)关系图

2)碳质泥岩、煤岩

煤从有机碳含量指标比较,无疑都是很好的烃源岩,因此对于煤岩及碳质泥岩有机质丰度的评价,TOC 不再作为一个重要评价指标,而是着重依据生烃潜量(S_1+S_2)进行评价,具体评价标准见表 4-3。

表 4-3　煤系碳质泥岩评价标准(据陈建平等,1997)

评价级别	很好	好	中等	差—很差	非
S_1+S_2/(mg·g^{-1})	>120	70~120	35~70	10~35	<10
氢指数 I_H/(mg·g^{-1})	>700	400~700	200~400	60~200	<60
TOC/%	35~40	18~35	10~8	6~10	6~10

相对于泥岩样品的数量,本次研究采集到的煤系烃源岩中碳质泥岩样品数量较少,共计 9 件,其中,断裂以南太原组 2 件(生烃潜量 10.45~11.16mg/g,平均值为 10.81mg/g),山西组 6 件(生烃潜量 3.85~34.21mg/g,平均值为 12.42mg/g),而断裂以北山西组仅 1 件(生烃潜量 24.80mg/g),根据表 4-3 碳质泥岩的评价标准,结合 I_H-(S_1+S_2) 判别图版,综合评价认为杭锦旗地区太原组、山西组碳质泥岩均属于差—很差烃源岩(图 4-6),由于碳质泥岩厚度一般较薄,故其生烃潜力较小,对成烃贡献所占比例有限。

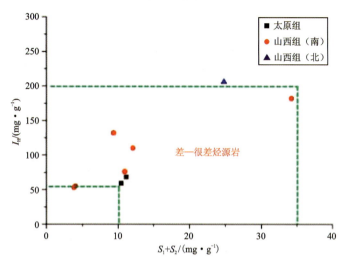

图 4-6　杭锦旗地区太原组、山西组碳质泥岩 I_H-(S_1+S_2) 关系图

本次研究共采集到煤岩样品 12 件,其中泊尔江海子断裂以南太原组 7 件(生烃潜量 41.96~171.99mg/g,平均值为 83.67mg/g),山西组 3 件(生烃潜量 95.14~122.01mg/g,平均值为 112.42mg/g),而断裂以北山西组 2 件(生烃潜量为 41.89mg/g、106.37mg/g,平均值为 74.13mg/g),根据沼泽相煤岩的评价标准(表 4-2),杭锦旗地区太原组、山西组煤岩属于中等—差烃源岩级别(图 4-7)。

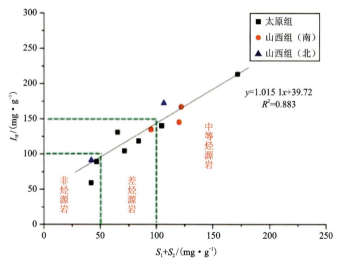

图 4-7　杭锦旗地区太原组、山西组煤岩 I_H-(S_1+S_2) 关系图

3. 有机质类型

烃源岩的优劣与有机质类型密切相关,决定其有机质类型的关键因素是其母质来源,如腐泥型干酪根主要来自于低等水生生物、浮游生物和藻类,这类物质富氢贫氧,生烃潜能高;而腐殖型干酪根主要来自于高等植物,富含芳基结构的母质素、纤维素和丹宁,生烃潜能低。中间型干酪根是这两类物质的混合。有机质类型分为腐泥型(Ⅰ)、腐殖-腐泥型(Ⅱ$_1$)、腐泥-腐殖型(Ⅱ$_2$)和腐殖型(Ⅲ)型。

根据目前烃源岩相关的测试进度及结果,本书主要依据岩石热解参数及有机岩石学观察统计结果进行综合判断。以已出来的岩石热解参数氢指数(I_H)和降解率(D)为例进行分析(图4-8),泊尔江海子断裂以南太原组26个样品的氢指数分布在18~213之间,平均值为67.31,31个山西组样品分布在12~182之间,平均值为75.35,而断裂以北17个山西组样品

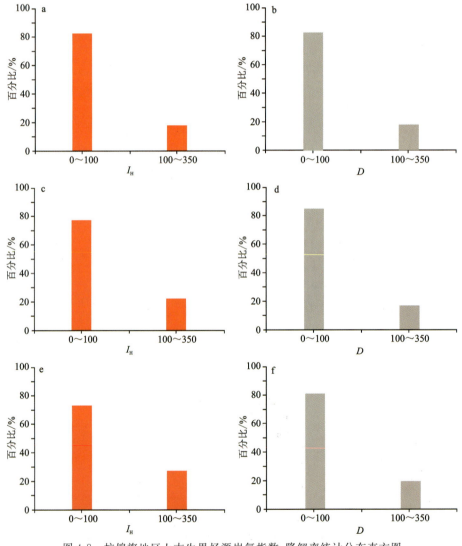

图 4-8 杭锦旗地区上古生界烃源岩氢指数、降解率统计分布直方图

a、b. 断裂以北山西组;c、d. 断裂以南山西组;e、f. 断裂以南太原组

则分布在 38~206 之间,平均值为 84.71;泊尔江海子断裂以南太原组 26 个样品的降解率分布在 1.51~18.27 之间,平均值为 5.96,山西组分布在 1.04~15.56 之间,平均值为 6.65,而断裂以北山西组则分布在 3.38~17.95 之间,平均值为 7.52。根据岩石热解参数划分标准(许怀先等,2001),杭锦旗地区太原组、山西组煤系烃源岩有机质类型以Ⅲ型为主、$Ⅱ_2$ 型为辅。

有机质类型的划分常借助于一些图版进行,常用的图版包括氢碳原子比-氧碳原子比(H/C-O/C)、氢指数(I_H)-氧指数(I_O)、氢指数(I_H)-热解峰温(T_{max})等,对于杭锦旗地区太原组、山西组煤系烃源岩而言,利用氢指数(I_H)-氧指数(I_O)、氢指数(I_H)-热解峰温(T_{max})图版判别有机质类型为Ⅱ—Ⅲ型(图 4-9、图 4-10),同时也有一些样品,尤其是断裂以南的太原组样品由于处于高—过成熟演化阶段,图版上的数据点叠在一起,不易区分。

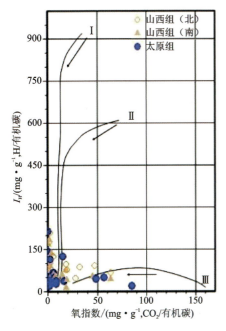

图 4-9 杭锦旗地区太原组、山西组氢指数(I_H)-氧指数(I_O)关系图

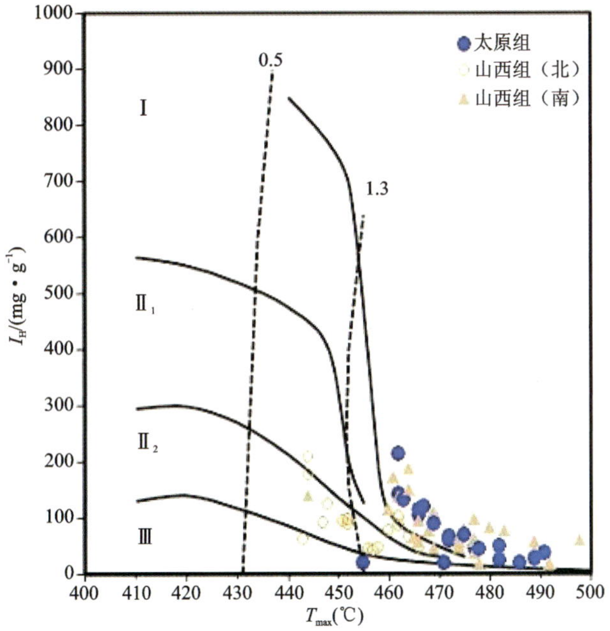

图 4-10 杭锦旗地区太原组、山西组氢指数(I_H)-热解峰温(T_{max})关系图

干酪根碳同位素组成特征是油气地球化学,特别是油(气)源岩研究的重要内容之一。干酪根碳同位素组成既继承了其生物母质的碳同位素组成特征,又受成岩作用和生成作用的影响。研究表明,陆相烃源岩干酪根碳同位素组成与陆相有机质碳同位素组成平均值相近,在 -22‰~-30‰ 之间,而海相烃源岩干酪根的碳同位素组成分布范围较宽,在 -10‰~-50‰ 之间,大多数在 -19‰~-33‰ 之间。利用干酪根碳同位素值,可判断烃源岩母质类型,作为烃源岩评价的重要依据之一(郝芳等,1990;王万春等,1997;苏艾国等,1999;熊永强等,2004;孙玉梅等,2009;朱扬明等,2012)。

受控于不同的沉积环境,太原组与山西组烃源岩在干酪根碳同位素数值上存在差异。以泊尔江海子断裂以南 J7 井为例,太原组烃源岩干酪根碳同位素较山西组轻,大概以 -23‰ 为界(图 4-11)。区域上,断裂以南太原组烃源岩干酪根碳同位素平均值为 -23.2‰,而断裂以南、断裂以北山西组烃源岩干酪根碳同位素平均值分别为-22.6‰、-22.7‰(图4-12),根据判别标准,杭锦旗地区太原组、山西组烃源岩均为Ⅲ型干酪根,且太原组类型好于山西组。

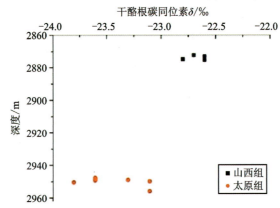

图4-11 J7井太原组、山西组烃源岩干酪根碳同位素与深度关系图

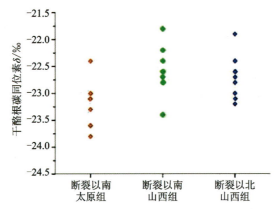

图4-12 杭锦旗地区断裂两侧太原组、山西组烃源岩干酪根碳同位素分布特征

有机岩石学研究表明,烃源岩的有机质类型主要取决于其有机显微组分的构成,即腐泥组、壳质组、镜质组和惰质组。通过对太原组、山西组25个不同岩性的烃源岩样品进行全岩薄片观察统计,有机显微组分中镜质组占据绝对优势(图4-13),其含量分布在45.7%~87.5%之间,平均值为74.1%。另外,在数个钻井太原组样品中见到丰富的黄铁矿,可能与还原性的沉积环境有关。

4. 有机质热演化程度

沉积岩中有机质的丰度和类型是油气生成的物质基础,但是有机质只有达到一定的热演化程度才能开始大量生烃。勘探实践证明,只有成熟生油岩分布区才能有较高勘探成功率,所以生油岩成熟度评价也是决定油气勘探成败的关键。

烃源岩的不同演化阶段,其烃类生成的速率、烃类的组分和数量存在明显的差异,因此热演化阶段的确定是盆地油气勘探的重要环节。烃源岩演化阶段划分和生烃门限确定是依据成熟度指标进行的。镜质组反射率(R_o)以其较为稳定和不可逆的特点,成为应用较多的衡量

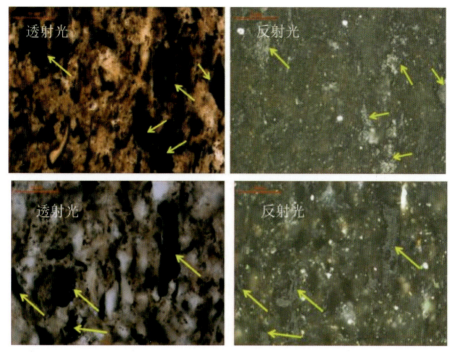

图 4-13 透射光与反射光下的部分样品中的镜质组照片(图中黄色箭头标注位置)

成熟度的指标之一。但是由于镜质组组分相当复杂,对镜质组反射率的测定往往受到人为因素的影响,因此对于有机质成熟度阶段的划分和生烃门限的确定,一般要综合多种成熟度参数和各项地球化学资料,如生物标志物、T_{max}等参数。不同热演化阶段的地球化学指标划分见表 4-4。

表 4-4 不同热演化阶段的地球化学指标(据许怀先等,2001)

演化阶段	$R_o/\%$	$T_{max}/℃$	OEP	$C_{29}\dfrac{20S}{20S+20R}$	T_m/T_s	产物
未成熟	<0.5	<435	>1.2	<0.25	>2	生物甲烷气,为成熟油、凝析油
低成熟	0.5~0.8	435~445	1.2~1.0	0.25~0.40	1~2	低熟重质油、凝析油
成熟	0.8~1.3	445~480	1.0	>0.40	≤1	成熟中质油
高成熟	1.3~2.0	480~510				高成熟轻质油、凝析油、湿气
过成熟	>2.0	>510				干气

通过 Rock-Eval 热解分析仪可获得一系列的热解参数,这当中就包括(T_{max}),据此可以初步进行成熟度的划分,同时需注意到 T_{max} 的影响因素较多,因此利用 T_{max} 划分演化阶段的同

时还需结合镜质体反射率进行综合判断。从杭锦旗地区太原组、山西组 84 个测试数据分析，泊尔江海子断裂以北山西组 T_{max} 分布在 443℃～516℃ 之间，平均值为 458℃，而断裂以南山西组 T_{max} 分布在 444℃～505℃ 之间，平均值为 476℃，其下伏的太原组 T_{max} 则分布在 325℃～537℃ 之间，平均值为 477℃（图 4-14）。不难发现，断裂南、北两侧的 T_{max} 数值存在较大差距，但是断裂以南太原组、山西组两者的 T_{max} 较接近，这与实际地质背景不太符合，究其原因，除了上述 T_{max} 测试过程中受到的影响因素较多之外，还与太原组样品点的分布有关，本次岩芯采样的钻井覆盖断裂以南的新召、乌兰吉林庙、十里加汗区带，而前人研究认为断裂以南的热演化程度自西向东总体呈降低趋势，因此，本次涉及岩芯采样的井位分散，导致自身热演化程度存在着较大的差异。综合上述诸多因素，可以发现，当样品成熟度相对较低（低成熟度—成熟阶段），利用 T_{max} 判别结果更接近实际的热演化程度。

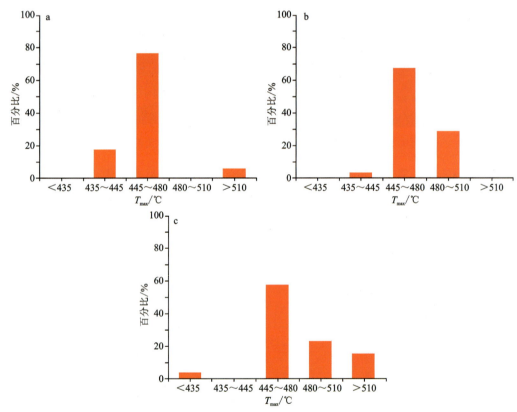

图 4-14 杭锦旗地区太原组、山西组煤系烃源岩 T_{max} 统计分布直方图

a. 断裂以北山西组；b. 断裂以南山西组；c. 断裂以南太原组

相比较于 T_{max}，镜质体反射率（R_o）这一指标更能够提供相对准确的信息，反映烃源岩的真实演化程度。本次研究选送了不同区带、不同层系、不同岩性的煤系烃源岩开展镜质体反射率测试，并对测试结果进行了筛选，即以煤岩为主，且测点数达到 20 个以上，以便尽量减少在实验过程中因人为主观因素所引起的误差，从而使得这些测试数据更逼近真实地质情况。

从 16 个煤岩的 R_o 测试数据分析来看，泊尔江海子断裂以南 8 个太原组样品分布在 1.04%～1.85% 之间，平均值为 1.34%，4 个山西组样品分布在 1.12%～1.44% 之间，平均值为1.20%,而断裂以北4个山西组样品分布在0.95%~1.02%之间,平均值为0.98%。据此,可以认为杭锦旗地区以泊尔江海子断裂为界,具有"南高北低"的特征,即断裂以南太原组、山西组处于成熟晚期—高成熟演化阶段,断裂以北山西组则主体处于成熟早期阶段(图4-15),而断裂南侧又具有"西高东低"的特点,即西部新召区带处于高—过成熟演化阶段,东部阿镇区带主要处于成熟阶段。

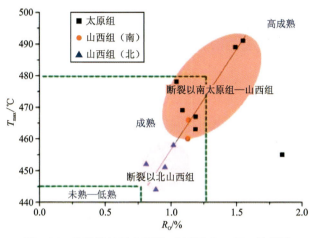

图4-15 杭锦旗地区太原组、山西组 R_o - T_{max} 关系图

二、天然气成因与来源

天然气研究基于30口钻井、30个天然气样品测试数据及86口钻井、200余个天然气样品生产测试数据。天然气采样井主要集中于断裂以北的什股壕区带和断裂以南的十里加汗区带,部分涉及新召区带和公卡汗区带。

1. 天然气地球化学特征

1) 天然气组分特征

天然气组分测试结果(图4-16)显示,杭锦旗地区上古生界天然气以烃类气体为主,甲烷含量为77.92%~93.72%,其中十里加汗和新召区带平均值分别为90.04%和90.43%,而泊尔江海子断裂以北什股壕区带平均值为85.99%。杭锦旗地区上古生界天然气干燥系数(C_1/C_{1-5})为0.802~0.943,普遍低于0.95,总体表现为湿气特征。非烃气体含量方面,所有天然气样品中均未检测到H_2S,且CO_2含量明显较低,其含量介于0~0.45%之间,而N_2含量相对较高,主体介于0.16%~1.92%之间,只有J66P2S和J55等4个样品中N_2含量明显偏高,可能与氮气气举工艺有关,但这不影响天然气中烷烃气的碳、氢同位素组成,因而不影响天然气的成因鉴别和气-源对比。

2) 碳氢同位素特征

在天然气地球化学研究中,气态烃的碳、氢同位素组成蕴含着丰富的母质来源及其生成烃类化合物所经历地质地球化学历程信息,即同位素的母质继承效应和地质历史中生物化学、物理作用所导致的同位素分馏效应。

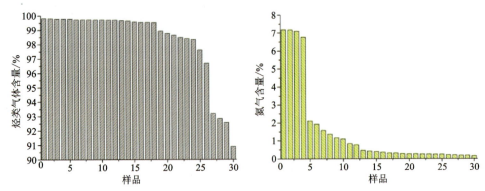

图 4-16　杭锦旗地区上古生界天然气组分中烃类气体、氮气含量分布直方图

天然气中碳同位素组成主要反映母质类型及其演化程度,以此为依据可将天然气划分为煤成气(煤型气)和油型气。

在烷烃气碳同位素组成方面,杭锦旗地区上古生界天然气 $\delta^{13}C_1$ 值主要分布于 $-36.2‰\sim-31.7‰$ 之间,$\delta^{13}C_2$ 值主要分布于 $-30.1‰\sim-23.4‰$ 之间,$\delta^{13}C_3$ 值则主要分布在 $-31.1‰\sim-19.5‰$ 之间,甲烷碳同位素、乙烷碳同位素、丙烷碳同位素总体表现为正序特征,即 $\delta^{13}C_3>\delta^{13}C_2>\delta^{13}C_1$。以泊尔江海子断裂为界,将两侧的天然气碳同位素进行比较(图 4-17),断裂以北 $\delta^{13}C_1$ 值主要分布于 $-33.6‰\sim-31.7‰$ 之间,平均值为 $-32.3‰$,$\delta^{13}C_2$ 值主要分布于 $-27.4‰\sim-24.6‰$ 之间,平均值为 $-25.7‰$,$\delta^{13}C_3$ 值则主要分布于 $-24.8‰\sim-23.2‰$ 之间,平均值为 $-23.5‰$;断裂以南 $\delta^{13}C_1$ 值主要分布于 $-36.2‰\sim-32.4‰$ 之间,平均值为 $-33.7‰$,$\delta^{13}C_2$ 值主要分布于 $-30.1‰\sim-23.4‰$ 之间,平均值为 $-26.9‰$,$\delta^{13}C_3$ 值则主要分布于 $-31.1‰\sim-19.5‰$ 之间,平均值为 $-24.3‰$。

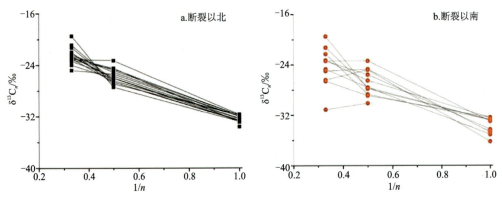

图 4-17　杭锦旗地区泊尔江海子断裂两侧上古生界天然气甲烷、乙烷、丙烷碳同位素分布特征

烷烃气氢同位素在天然气研究中运用不如碳同位素广泛,但其蕴涵的一些信息具有特定意义,如对沉积环境示踪;当与烷烃气碳同位素综合应用时,可作为天然气地球化学研究中的一项重要指标。

在烷烃气氢同位素组成方面,杭锦旗地区上古生界天然气 $\delta^{13}D_1$ 值主要分布于 $-199.0‰\sim-172.2‰$ 之间,$\delta^{13}D_2$ 值主要分布于 $-180.0‰\sim-132.2‰$ 之间,$\delta^{13}D_3$ 值则主要分布于

−176.0‰～−100.2‰之间,甲烷氢同位素、乙烷氢同位素、丙烷氢同位素总体表现为正序特征,即 $\delta^{13}D_3 > \delta^{13}D_2 > \delta^{13}D_1$。以泊尔江海子断裂为界,将两侧的天然气氢同位素进行比较(图4-18),断裂以北 $\delta^{13}D_1$ 值主要分布于−191.0‰～−172.2‰之间,平均值为−184.6‰,$\delta^{13}D_2$ 值主要分布于−170.0‰～−137.9‰之间,平均值为−156.3‰,$\delta^{13}D_3$ 值则主要分布于−156.0‰～−115.5‰之间,平均值为−133.0‰;断裂以南 $\delta^{13}D_1$ 值主要分布于−199.0‰～−179.8‰之间,平均值为−188.4‰,$\delta^{13}D_2$ 值主要分布于−180.0‰～−132.2‰之间,平均值为−156.1‰,$\delta^{13}D_3$ 值则主要分布于−176.0‰～−100.2‰之间,平均值为−129.3‰。

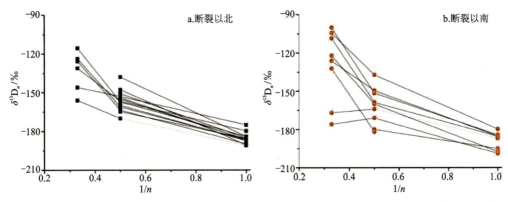

图 4-18　杭锦旗地区泊尔江海子断裂两侧上古生界天然气甲烷、乙烷、丙烷氢同位素分布特征

3) 稀有气体同位素特征

稀有气体含量很低,但其可以提供一些重要的成因信息。如氩气是一种惰性气体,由于其具有稳定的化学性质,几乎不与其他物质发生化学反应,因而氩同位素成为气源对比的重要手段之一,其原理为气源岩的地质年代越老,Ar^{40} 含量越高、Ar^{40}/Ar^{36} 比值越大,据此可根据天然气的 Ar^{40}/Ar^{36} 比值推测其可能的烃源岩。许化政等(2005)对东濮凹陷文留构造不同成因天然气的 Ar^{40}/Ar^{36} 比值进行了统计,结果显示产于盐下沙河街组四段、来源于石炭系—二叠系的天然气 Ar^{40}/Ar^{36} 比值为 1175～1286,而产于盐上、与古近系和新近系共生油型气的 Ar^{40}/Ar^{36} 比值为 343～612,即说明气源不同的天然气 Ar^{40}/Ar^{36} 比值分布范围差异较大。根据图版鉴定杭锦旗地区上古生界天然气均具有壳源特征(图4-19),为有机成因。

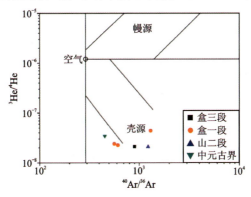

图 4-19　杭锦旗地区天然气 $^3He/^4He$ – $^{40}Ar/^{36}Ar$ 关系图

2. 上古生界天然气成因及来源

天然气成因类型可划分为有机成因气、无机成因气、混合成因气3大类。有机成因气根据演化程度划分为生物气、生物热催化过渡带气、热解气和裂解气,根据母质类型划分为煤成气(包括煤成热解气和煤成裂解气,在天然气资源中占主导地位)和油型气(主要是原油伴生气,包括油型热解气和油型裂解气);无机成因气以二氧化碳为主,分为岩石化学成因和幔源成因两种主要类型;混合成因气是两种或两种以上成因类型气混合而成的天然气,常见的主要有3类(同一烃源岩不同热演化阶段生成天然气的混合、不同烃源岩生成天然气的混合、有机成因气和无机成因气的混合)。常用的天然气成因类型鉴别指标有天然气组分、烷烃气碳同位素、二氧化碳碳同位素和轻烃参数,其中,碳同位素是判别各类成因天然气最有效和最实用的指标。

杭锦旗地区上古生界天然气中烷烃气碳、氢同位素总体均表现为正序特征,甲烷碳同位素值全部小于 $-30‰$,故属于典型的有机成因气。根据戴金星等(2014)新修改完善的 $\delta^{13}C_1$-$\delta^{13}C_2$-$\delta^{13}C_3$ 图对杭锦旗地区上古生界天然气成因进行判别,结果表明主体属于煤成气,有极少数盒一段样品数据点落在混合成因气区域内(图4-20)。

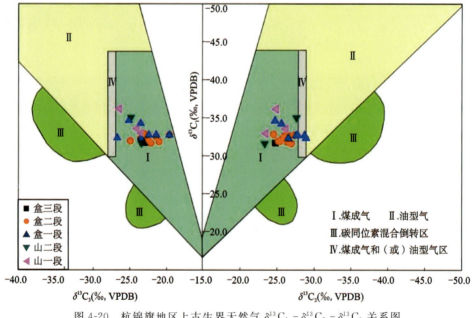

图4-20 杭锦旗地区上古生界天然气 $\delta^{13}C_1$-$\delta^{13}C_2$-$\delta^{13}C_3$ 关系图

前文已经提及,天然气中碳同位素组成主要反映母质类型及其演化程度,并且应用其可将天然气划分为煤成气(煤型气)和油型气,以乙烷碳同位素($\delta^{13}C_2$)= $-28‰$ 为界,大于 $-28‰$ 为煤成气(腐殖型干酪根),小于 $-28‰$ 为油型气(腐泥型干酪根)。根据 Rooney 等(1995)、Jenden 等(1998)建立的图版判别方法,杭锦旗地区上古生界天然气主要来自于Ⅲ型(腐殖型)干酪根(图4-21)、以陆相高等植物为主要母质来源。天然气氢同位素的研究对象主要包括游离氢和烷烃气,目前国内外以有机成因烷烃气的研究程度相对较高。有机热成因烷烃气的氢同位素组成主要受烃源岩沉积环境和成熟度的影响,而且最主要是受到沉积环境的影响,如发育于海陆交互相半咸水环境的烃源岩所生成的甲烷氢同位素大于－190‰。结合甲烷氢同位素对于水体环境的有效区分,小于－190‰为陆相淡水环境;介于－190‰～－180‰之间为海陆过渡相半咸水环境;大于－180‰为海相咸水环境。综合判别上古生界天然气主要来源于海陆过渡相半咸水环境下形成的腐殖型干酪根(图4-22)

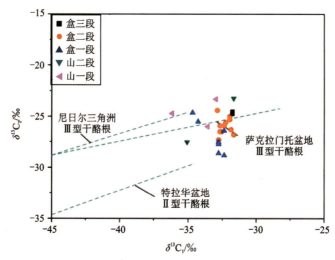

图4-21　杭锦旗地区上古生界天然气 $\delta^{13}C_1 - \delta^{13}C_2$ 关系图

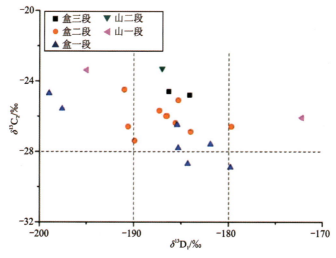

图4-22　杭锦旗地区上古生界天然气 $\delta^{13}C_2 - \delta^{13}D_1$ 关系图

研究表明,天然气甲烷碳同位素与 R_o 具有较好的线性相关关系(Carey,1979;Schoell,1980;Stahl,1982;戴金星,1985;沈平,1987)。利用不同学者建立的 R_o 与甲烷碳同位素换算公式,分别计算了杭锦旗地区不同气藏天然气的成熟度(表4-5)。不难发现,如果按照油型气换算公式,计算 R_o 大多在3.0%～4.0%之间,显然这与该地区太原组—山西组煤系烃源岩的成熟度相差甚远,因此,按照学者们建立的煤成气换算公式,计算结果显示,不同公式的计算结果存在差异,如按照戴金星等(1992)建立的公式换算结果最大,而依据沈平等(1987)建立的公式换算结果最小,但总体反映了不同气藏天然气成熟度与其邻近太原组—山西组烃源岩的热演化程度匹配较好(什股壕除外)。什股壕区带上古生界天然气换算 R_o 平均值大于 1.30%,处于高成熟演化阶段,而与本地山西组烃源岩处于成熟阶段不符,故认为可能主要来源于断裂以南的上古生界高成熟煤系烃源岩,加之本地山西组成熟烃源岩有一定的贡献,这也解释了断裂以北天然气烷烃气碳同位素比断裂以南重的原因。

表 4-5 杭锦旗地区上古生界天然成熟度

地区	井号	地层	$\delta^{13}C_1$	R_o (据刘文汇等,1999)	R_o (据沈平等,1987)	R_o (据戴金星等,1992)	R_o (据Stahl,1977)
什股壕	J11-2	P_1x^3	−31.8	1.360 846 37	1.306 604 106	4.552 268 276	3.981 071 706
	ES4	P_1x^3	−31.8	1.360 846 37	1.306 604 106	4.552 268 276	3.981 071 706
	JPH-1	P_1x^2	−32.4	1.279 520 591	1.112 903 754	4.171 124 612	3.670 336 498
	JPH-2	P_1x^2	−32	1.333 179 087	1.238 554 766	4.421 499 907	3.874 675 12
	J66P9H-1	P_1x^2	−32.3	1.292 729 271	1.143 067 848	4.232 356 855	3.720 388 003
	J66P9H-2	P_1x^2	−32.8	1.228 021 77	1	3.934 927 263	3.476 774 075
	J66P8H	P_1x^2	−32.7	1.240 698 82	1.027 103 956	3.992 692 121	3.524 186 016
	J66P12H	P_1x^2	−32.6	1.253 506 738	1.054 942 536	4.051 304 969	3.572 244 502
	JPH-13	P_1x^2	−32.7	1.240 698 82	1.027 103 956	3.992 692 121	3.524 186 016
	J11P4H	P_1x^2	−31.9	1.346 941 692	1.272 124 5	4.486 407 667	3.927 513 143
	J11-1	P_1x^2	−31.7	1.374 894 588	1.342 018 246	4.619 095 719	4.035 360 633
	J26	P_1x^2	−32	1.333 179 087	1.238 554 766	4.421 499 907	3.874 675 12
	J66P5H	P_1x^2	−32.9	1.215 474 25	0.973 611 283	3.877 998 127	3.429 999 981
	J66P2S	P_1s^1	−33.6	1.131 158 959	0.807 392 638	3.501 900 461	3.119 734 582
泊尔江海子断裂							
十里加汗西	J98	P_1x^1	−32.8	1.228 021 77	1	3.934 927 263	3.476 774 075
	J99	P_1x^1	−32.8	1.228 021 77	1	3.934 927 263	3.476 774 075
	J111	P_1x^1	−32.4	1.279 520 591	1.112 903 754	4.171 124 612	3.670 336 498
	J110	P_1x^1	−32.4	1.279 520 591	1.112 903 754	4.171 124 612	3.670 336 498
	J58P13H	P_1x^1	−32.8	1.228 021 77	1	3.934 927 263	3.476 774 075
十里加汗东	J77P1H	P_1x^1	−34.3	1.052 692 47	0.669 551 477	3.162 277 66	2.837 534 469
	J77	P_1x^1	−34.7	1.010 323 148	0.601 625 679	2.983 208 064	2.687 891 691
	J104	P_1x^2	−35.1	0.969 659 128	0.540 590 933	2.814 278 602	2.546 140 429
新召	J79	P_1x^1	−33	1.203 054 936	0.947 918 93	3.821 892 621	3.383 855 153
	J80	P_1s^2	−31.7	1.374 894 588	1.342 018 246	4.619 095 719	4.035 360 633

综合上述多个参数图版判别及成熟度对比结果,认为杭锦旗地区上古生界天然气为煤成气成因,主要来自于海陆过渡相半咸水环境下形成的腐殖型干酪根。其中,断裂以北什股壕

区带上古生界天然气主要来自于断裂以南太原组、山西组煤系烃源岩,同时本地的山西组烃源岩也有一定贡献。

第二节 储层致密化与天然气充注时序关系

现有天然气勘探实践及地质研究表明,下石盒子组盒一段是杭锦旗地区的主要储层,且现今多为致密砂岩储层。对于致密砂岩气成藏来讲,储层的致密化时间与天然气充注的时序关系主要表现为3种类型,分别是先致密后充注型、边致密边充注型、先充注后致密(未致密型),且后两者对于天然气充注成藏更为有利,因此明确储层的致密化与天然气充注的时序关系,特别是成藏关键时刻不同区带储层致密化程度,对于后续天然气充注阻力厘定非常关键。本节基于岩芯样品观察、物性测试资料及普通和铸体显微薄片鉴定,系统研究了杭锦旗地区盒一段储层特征,并确定其孔隙度动态演化过程,为后续天然气充注动力与阻力分析做铺垫。

一、天然气充注期次与时间

充注期次的研究方法可以分为半定量分析和定量分析两种。半定量分析不直接测定油气成藏的时间,而是通过其他地质过程参数进行油气成藏时间的大致估算,如圈闭形成时间法、烃源岩生烃史法、饱和压力-露点压力法、油藏地球化学法、流体包裹体分析法、有机岩石学法、油气水界面追溯法等。定量分析方法通过储层自生矿物或微量元素的精确定年,得到一个较为准确的时间,如微量与稀有金属同位素定年法、自生伊利石 K-Ar/Ar-Ar 定年法和流体包裹体分析法(Goldstein et al. 1994;Mark et al. 2010;陈勇和 Burke,2009)。其中,流体包裹体分析法是研究油气成藏时期最常用、最有效的方法。流体包裹体分析法是对与烃类包裹体同期伴生的盐水包裹体进行均一温度测定,以此确定烃类包裹体的形成温度,结合研究区的温度演化,最终可确定天然气的充注时间(潘立银等,2006;刘德汉等,2007,2008)。对于不含液态烃的气烃包裹体,难以通过显微荧光观察直接识别,需利用激光拉曼光谱技术分析包裹体成分(Burke,2001;张鼐等,2007;施伟军等,2009),从而找到烃类包裹体并通过系列实验分析天然气成藏时期。激光拉曼光谱技术作为获取单个流体包裹体成分的重要方法之一,已成为天然气成藏机理研究中的重要技术手段,在含油气盆地的石油地质研究中得到了广泛的应用(朱华东等,2013)。本书主要利用烃源岩生烃史法和储层包裹体均一温度测温,并联合激光拉曼光谱法确定天然气充注时间。

1.烃源岩生烃史法

本次研究应用 PetroMod 盆地数值模拟软件,动态恢复了杭锦旗地区不同区带56口代表性单井烃源岩埋藏史、热成熟史与生烃史。

PetroMod 盆地模拟软件对地史、热史、烃源岩成熟史和生烃史模拟均提供了多种模型供选择,根据杭锦旗地区实际地质特征及资料状况,本次研究相应选取的模型如表4-6所列。

表 4-6 杭锦旗地区单井地史、热史及生烃史模拟模型选取

系统模块	功能	系统提供的模型		本次方案
地史	构造沉降史	构造沉降模型	Airy 均衡模型	Airy 均衡模型
地史	地层埋藏史	压实模型	指数模型	指数模型
地史	地层埋藏史	压实模型	倒数模型	指数模型
地史	地层埋藏史	压实模型	固体率模型	指数模型
地史	地层埋藏史	压实模型	孔隙度表	指数模型
地史	地层埋藏史	渗透率模型	Modified K-C	Modified Kozeny-Carman
地史	地层埋藏史	渗透率模型	Power Function	Modified Kozeny-Carman
地史	地层埋藏史	渗透率模型	孔隙度/渗透率关系	Modified Kozeny-Carman
热史	热流史 地温史	梯度热流模型		瞬变热流模型
热史	热流史 地温史	稳态热流模型		瞬变热流模型
热史	热流史 地温史	瞬变热流模型		瞬变热流模型
热史	热流史 地温史	裂谷热流模型		瞬变热流模型
生烃史	有机质成熟度史	Lopatin-waples TTI 法		LLNL-Easy R_o 法
生烃史	有机质成熟度史	LLNL-Easy R_o 法		LLNL-Easy R_o 法
生烃史	有机质成熟度史	Simple-R_o		LLNL-Easy R_o 法
生烃史	生烃史	R_o-生烃率法		化学动力学法
生烃史	生烃史	化学动力学法		化学动力学法

此外,在模拟重建中还需要设置剥蚀厚度、古热流演化、生烃动力学模型等对烃源岩热成熟史和生烃史具重要影响的参数。区域对比研究表明,杭锦旗地区自晚古生代起,共经历了晚三叠世末期、早侏罗世末期、晚侏罗世末期和晚白垩世 4 期规模较大的抬升剥蚀作用,本次研究采用赵桂萍(2016)对本区源岩热模拟的赋值方案,即晚三叠世末期、早侏罗世末期、晚侏罗世末期和晚白垩世 4 期抬升作用的剥蚀厚度分别选取 150~200m、120~160m、120~200m、400~1200m;热流方案则是:早古生代大地热流均值为 60mW/m²,晚古生代石炭—二叠纪为 60~64mW/m²,中生代三叠纪为 65~68mW/m²,侏罗纪—早白垩世晚期达到最高,即为 75~85mW/m²,现今大地热流均值为 60mW/m² 左右。生烃动力学模型方面,模拟软件内置有多种模型,基于前人对本区烃源岩特征的认识,认为 Burham(1989)TⅢ模型适用于本区太原组及山西组Ⅲ型煤系源岩。

为验证模型选区及参数取值是否合理,研究对比模拟 R_o 值与实测 R_o 值误差率,结果显示二者吻合良好(表 4-7),说明所选模型及参数合理可行,模拟结果可信度高。

表 4-7　杭锦旗地区单井热成熟史模拟 R_o 与实测 R_o 对比表

井号	井深/m	层位	实测 R_o/%	模拟 R_o/%	误差率/%
J6	2841.2	太原组	1.32	1.30	1.52
J7	2945	太原组	1.34	1.32	1.49
J8	3290.5	山一段	1.32	1.31	0.76
J8	3313.4	太原组	1.34	1.34	0.00
J10	3178	太原组	1.36	1.37	−0.74
J10	3168.6	太原组	1.29	1.30	−0.78
J16	2434.5	山一段	1.07	1.04	2.80
J21	2929	山一段	1.19	1.21	−1.68
J70	2977	太原组	1.34	1.32	1.49
J72	2991.7	山一段	1.16	1.16	0.00
J73	3137.4	山一段	1.27	1.29	−1.57
J75	2786	山一段	1.25	1.24	0.80
J76	2751.1	山一段	1.10	1.08	1.82
J78	3161.6	太原组	1.35	1.36	−0.74
J89	3169.4	太原组	1.17	1.15	1.71

注：误差率=(实测 R_o −模拟 R_o)/实测 R_o。

2. 生烃史分析

1) 新召地区

选取 J62 井作为新召地区代表性单井进行分析。J62 井位于新召区南部，其埋深大，煤系源岩发育，煤层厚度 14m。模拟结果显示(图 4-23)，J62 井太原组—山西组煤系源岩约在距今 240Ma 开始进入生烃门限(R_o=0.5%)，在晚侏罗世出现一个小的生烃高峰，尔后伴随侏罗纪末期的抬升剥蚀作用，地层降温，生烃作用减缓，生烃速率降低；早白垩世开始再次沉降埋藏，地温、成熟度持续增长，生烃速率也不断增加，并在早白垩世末期(120~100Ma)达到最高古地温 170℃，成熟度达到 1.72%，烃源岩生烃速率在 115Ma 时达到最大值 11.88mgHC/gTOC/Ma；至 100Ma 时地层开始遭受抬升，地温降低，生烃速率降低，但成熟度略有增加，现今成熟度约为 1.75%。

总之，该区位于三眼井断裂南部，煤系源岩分布广，埋深大，自源供烃能力强，代表性单井的烃源岩在早白垩世末期(115~100Ma)达到生烃高峰期。

2) 独贵加汗地区

选取 J86 井作为独贵加汗地区代表性单井进行分析。J86 井位于独贵加汗地区中部，其煤系源岩不甚发育,煤层厚度6m。模拟结果显示(图4-23),J86井太原组—山西组煤系源岩约在距今235Ma进入生烃门限($R_o=0.5\%$),尔后烃源岩地温、成熟度持续增长,生烃速率也持续增加,并在早白垩世末期(120～100Ma)达到最高古地温155℃,成熟度达到1.37%;烃源岩生烃速率在距今100Ma达到最大值3.48mgHC/gTOC/Ma,之后地层开始抬升,地温降低,生烃速率降低,成熟度略有增加,现今成熟度1.39%。

该区处于泊尔江海子断裂和乌兰吉林庙断裂转换带,南北埋深差异大,煤层厚度变化明显,导致南北烃源岩的生烃作用具有一定的差异,如该区更南部的J58井山西组—太原组煤系源岩现今成熟度1.58%,其生烃速率在距今115Ma达到最大值6.42mgHC/gTOC/Ma。总之,该区太原组—山西组煤系源岩多在115～110Ma期间达到生烃高峰。

3)十里加汗地区

选取J72井作为十里加汗地区代表性单井进行分析。J72井位于十里加汗地区中部,其太原组—山西组煤系源岩发育,煤层厚度16m。模拟结果显示(图4-23),J72井太原组—山西组煤系源岩约在距今240Ma进入生烃门限($R_o=0.5\%$),在早白垩世末期(120～100Ma)达到最高古地温150℃,成熟度达1.21%;烃源岩生烃速率在距今100Ma达到最大值1.47mgHC/gTOC/Ma;之后由于地层开始抬升,地温降低,生烃速率降低,但成熟度略有增加,现今成熟度为1.23%。

该区更南部位于构造低部位的J56井的太原组—山西组煤系烃源岩更为发育,煤层厚度更大,达20m,烃源岩在115Ma左右达到生烃高峰,生烃速率比J72井烃源岩高,达5.64mgHC/gTOC/Ma,现今成熟度1.55%。总之,该区位于泊尔江海子断裂南部,煤系源岩广布,自源供烃能力强,代表性单井的烃源岩在早白垩世末期(115～100Ma)达到生烃高峰期。

4)什股壕地区

选取J17井为代表分析什股壕地区太原组—山西组煤系烃源岩热成熟史和生烃史。J17井位于什股壕区东南部,靠近泊尔江海子断裂,其煤源岩不甚发育,煤层厚度仅3m,且埋深也较浅。模拟结果显示(图4-23),J17井太原组—山西组煤系源岩约在距今230Ma开始进入生烃门限($R_o=0.5\%$),尔后随着沉降埋藏作用的进行,地温、成熟度持续增长,生烃速率也不断增加,在早白垩世末期(120～100Ma)达到最高古地温125℃,成熟度达到0.89%;烃源岩生烃速率在距今100Ma时达到最大值,但仅为0.69mgHC/gTOC/Ma,未有规模烃类的生成;之后地层开始抬升,地温降低,生烃速率降低,成熟度虽略有增加,但至现今成熟度只有0.90%,未进入生烃高峰期。

总之,该区位于泊尔江海子断裂上升盘,煤系源岩分布局限,厚度小,埋深浅,导致成熟度低,自源供烃能力十分有限,一般认为该区气藏天然气来源于南部十里加汗地区,如J56井区,该井区太原组—山西组煤系烃源岩在距今115Ma达到生烃高峰。

综上所述,杭锦旗地区太原组—山西组煤系烃源岩大多在早白垩世末(115～100Ma)达到生烃高峰,代表研究区油气开始大量充注成藏。

3. 盐水包裹体均一温度测温

油气伴生的盐水包裹体包含了成岩和成藏过程中的温度和压力信息,从包裹体中测出的

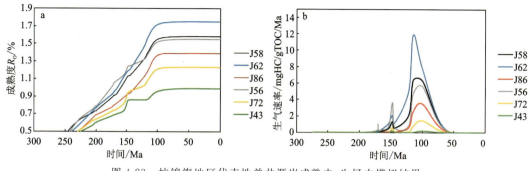

图 4-23 杭锦旗地区代表性单井源岩成熟史-生烃史模拟结果
a. 热成熟演化史；b. 生烃速率演化史

均一温度，结合盆地埋藏史和热史恢复可以获得油气捕获时期，进而估算成藏期次与成藏期。

在沉积与成岩过程中，宿主矿物捕获的流体包裹体呈现出单一相态，随着成岩演化的进行，包裹体中的不同组分在温度和压力作用下相态发生变化，从而形成两相或三相状态的包裹体。在试验分析时，通过冷热台对包裹体进行加热，随着温度的升高，包裹体的相态也随之发生变化，当温度达到某一数值时，原有的多相逐渐变为单一相态，此时的温度称为均一温度，显然均一温度可以近似的反映包裹体被捕获时储层的温度。

显微观察揭示（图 4-24），杭锦旗地区盒一段砂岩储层流体包裹体主要分布于石英颗粒和石英愈合裂隙内，主要有纯气相包裹体和气液两相包裹体。其中，纯气相包裹体在透射光下为纯黑色，荧光下无显示，一般呈条带状展布在石英愈合裂隙内，偶见石英颗粒内单个块状纯气相包裹体；气液两相包裹体包括气液两相烃包裹体和气液两相盐水包裹体，主要分布在石英颗粒内，两者一般相伴生发育，透射光下显示为黑边包裹着一个透明气泡，气液烃包裹体在荧光照射下发蓝绿色或黄绿色荧光。

包裹体均一温度统计直方图显示（图 4-25），盒一段储层中盐水包裹体均一温度分布跨度加大，在 94~154℃均有分布，峰值大致分布 3 个区间，分别是 99~104℃、124~134℃，和 149~154℃，指示本区盒一段至少存在 3 期流体充注。

4. 天然气充注期次与时间

以盆地埋藏-热史研究为基础，利用测试获得的烃类同期盐水包裹体均一温度数据进行投图，获得盒一段储层烃类充注的期次及时代，即可得到较为准确的油气充注时间和期次信息。杭锦旗地区主力烃源岩为太原组—山西组煤系源岩，以生气为主，但在生成天然气的同时也会产生大量的 CO_2，因而首先需要对气相包裹体的成分进行判别（薛会等，2009b）。激光拉曼技术可以对单个包裹体开展非破坏性分析，并可对流体包裹体中气相成分进行定性-半定量分析。储层包裹体均一温度测温联合激光拉曼光谱测试，可以确定储层烃类充注时间。因此本次研究在前述有机包裹体荧光观察基础上，对气相包裹体进行重点观察，通过激光拉曼光谱测试确定气相包裹体成分，确定烃类包裹体充注时间。

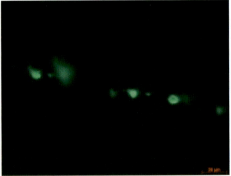

a.J25,盒一段,透射光,油气包裹体,两相盐水包裹体　　　　b.J35,盒二段,荧光,油气包裹体

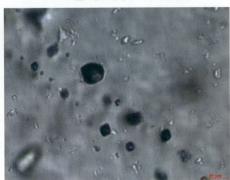

c.J57,盒三段,荧光,油气包裹体,两相盐水包裹体　　　　d.J30,太原组,透射光,气烃包裹体

图 4-24　杭锦旗地区流体包裹体镜下特征

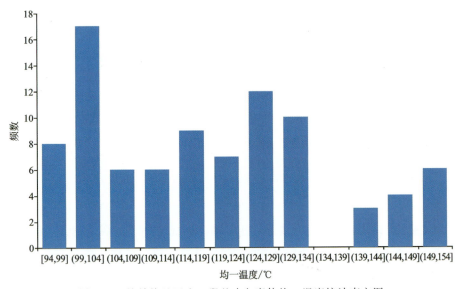

图 4-25　杭锦旗地区盒一段盐水包裹体均一温度统计直方图

以新召区 J30 井盒一段储层为例,在该井目的层段获取了较为系统的烃类包裹体及与之伴生的盐水包裹体均一温度数据(表 4-8),将不同的包裹体埋藏曲线与包裹体均一温度线相叠合,可以得到不同颜色烃类荧光包裹体形成的时间(图 4-25、图 4-26)。结果显示,J30 井盐水包裹体均一温度分布在 120~128℃和 150~153℃两个区间。将均一温度投点于 J30 井埋藏史图上,确定与这两个均一温度区间对应的有 3 期充注,分别为距今 165~155Ma 的中侏罗世、距今 115~110Ma 的早白垩世末和距今 80~75Ma 的晚白垩世抬升期。

表 4-8 J30 井包裹体测温数据表

宿主矿物	分布特征	包裹体类型	气液比/%	单偏颜色	荧光颜色	伴生盐水包裹体均一温度/℃
石英	颗粒内	气烃	100	灰黑	无	150~153
石英	颗粒内	气烃	100	灰黑	弱黄	126~128
石英	颗粒内	气烃	100	灰黑	无	120~121

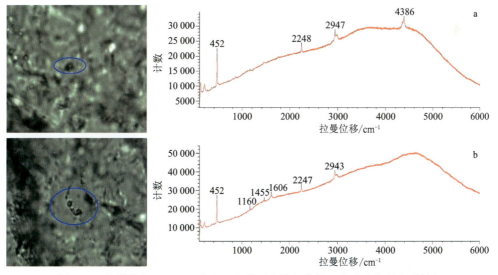

图 4-26 杭锦旗新召区 J30 井盒一段储层流体包裹体及其激光拉曼光谱特征

a. 石英颗粒内气液两相包裹体,特征峰 2249cm^{-1}和 2947cm^{-1},表明该包裹体中气体为 N_2 和 CH_4 混合气,伴生盐水包裹体测温 124~129℃;b. 石英颗粒内气液两相包裹体,特征峰 1456cm^{-1}、2247cm^{-1}和 2943cm^{-1},表明该包裹体中气体成分主要为 CO_2、N_2 和 CH_4,伴生盐水包裹体测温 101℃

独贵加汗区 J103 井流体包裹体测试也显示 3 期充注特征,分别是距今 195~185Ma 的早侏罗世、距今 165~160Ma 的中侏罗世和距今 82~72Ma 的晚白垩世抬升期。

多口钻井的盐水包裹体均一温度测试数据表明,研究区盒一段储层的天然气除了深埋期的 2~3 期天然气充注以外,在晚白垩世的抬升期中还有一期天然气充注,这一时期盆地缓慢抬升带来储层流体的流动,从而造成烃类的运移聚集(图 4-27、图 4-28)。

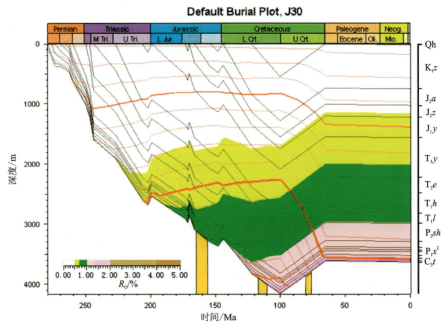

图 4-27　杭锦旗新召地区 J30 井天然气充注时间分析

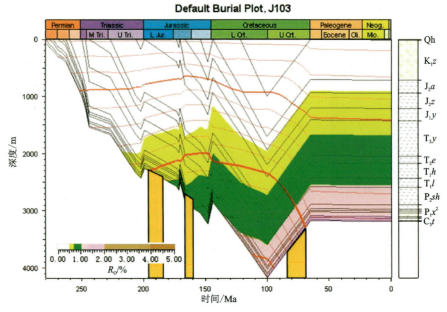

图 4-28　杭锦旗独贵加汗地区 J103 井天然气充注时间分析

二、储层成岩演化序列厘定

本研究在储层成岩矿物微观岩相学接触关系精细表征的基础上,结合成岩矿物流体包裹体测温、稳定碳氧同位素等地球化学分析,以储层构造-埋藏-热史演化为指导,建立不同砂体储层成岩演化序列与成岩改造模式。

1. 储层成岩矿物序次

通过大量薄片和扫描电镜图像观察发现,杭锦旗地区致密砂岩储层成岩作用类型多样,存在多种类型的胶结和溶解现象(孙泽飞等,2014)。胶结作用主要表现为自生黏土矿物胶结、碳酸盐胶结和石英胶结,溶解作用主要包括长石和岩屑的溶蚀。

早成岩时期主要表现为压实作用、绿泥石包壳胶结和方解石胶结作用(图4-29a、b),中成岩时期,烃源岩演化成熟释放大量有机酸对储层进行酸溶改造,可见大量长石发生规模性溶蚀作用(图4-29c)。长石溶蚀往往为石英和高岭石胶结提供物质来源,通常认为是同期形成的(图4-29d、e),油气充注后留下沥青质(图4-29f)。成岩晚期主要发生了晚期黄铁矿胶结。

因此,杭锦旗地区致密砂岩储层的成岩矿物序次主要为:压实作用/颗粒包壳→方解石胶结作用→长石溶解/高岭石/石英加大→黏土转化→油气充注→晚期黄铁矿胶结。

图4-29 杭锦旗地区上古生界致密砂岩储层成岩矿物序次特征

a.J131井3 051.48m绿泥石颗粒包壳;b.J122井2 716.52m方解石基底式胶结;c.J133井3 218.88m长石颗粒沿解理溶解;d.J128井3 143.56m自生高岭石充填孔隙;e.J131井3 054.96m石英胶结发育;f.J120井2571m沥青充填长石溶孔。

2. 流体包裹体确定石英胶结时间

利用流体包裹体分析技术,研究赋存在石英加大边胶结物内的盐水包裹体均一温度特征,确定石英胶结物的沉淀温度(刘建良等,2019;唐建云等,2019)。根据各沉淀温度在研究区埋藏史图的精确投影,厘定致密砂岩储层石英关键胶结期的胶结时间。

通过对杭锦旗地区上古生界致密砂岩储层石英加大边胶结物内的盐水包裹体均一温度进行测量,得知流体包裹体的均一温度为90～140℃(图4-30)。通过在埋藏史图投影可知,杭锦旗地区上古生界致密砂岩储层中石英胶结期次为240～150Ma,古高程为1500～2500m(图4-31a)。

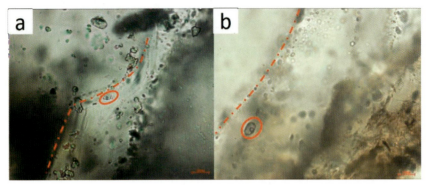

图 4-30 杭锦旗地区上古生界致密砂岩储层成岩矿物序次特征
a.J124 井 3153m 盐水包裹体；b.J124 井 3153m 盐水包裹体

3. 稳定碳氧同位素确定方解石胶结时间

碳酸盐胶结物的碳氧同位素分析，可以确定碳酸盐胶结物中碳的来源以及估算其沉淀温度（刘德良等，2007；乔羽，2017）。方解石胶结物碳主要来源于有机质脱羧，而非深部幔源CO_2。这些酸性流体来自山西组烃源岩经热演化成熟生成的大量有机酸，这些有机酸在高温条件下发生脱羧反应，为方解石胶结物提供物质来源。

通过杭锦旗地区碳酸盐胶结的样品进行碳氧同位素测试，可知 $\delta^{13}C$ 为 $-16.05‰ \sim -13.66‰$，$\delta^{18}O$ 为 $-18.57‰ \sim -13.07‰$；根据方解石-水分馏公式计算方解石沉淀温度得方解石的沉淀温度为 32~64℃。通过在埋藏史图投影可知，杭锦旗地区上古生界致密砂岩储层中方解石胶结期次为 260~240Ma，古高程为 400~1500m（图 4-31）。

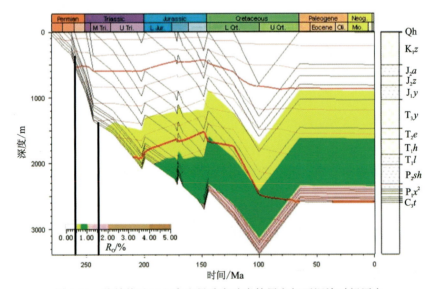

图 4-31 杭锦旗地区上古生界致密砂岩储层方解石沉淀时间厘定

4.储层成岩演化序列

通过上述结果,可得储层成岩演化序列(图4-32)。由于不同地区的矿物差异,导致成岩演化序列有所差异(图4-33)。

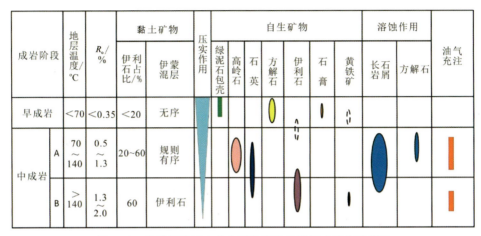

图4-32 杭锦旗地区上古生界致密砂岩储层成岩作用序列

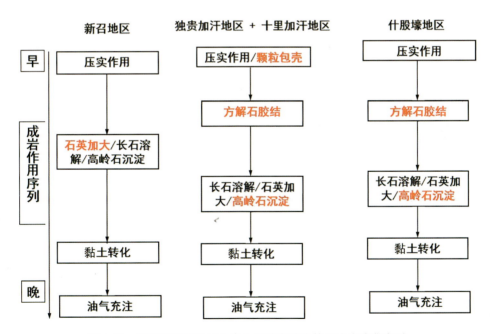

图4-33 杭锦旗不同地区上古生界致密砂岩储层成岩演化序列

三、储层物性演化反演回剥

利用铸体薄片激光扫描共聚焦显微镜分析、成岩演化序列约束下的"反演回剥"法,结合埋藏史-温度史-孔隙度演化史数值模拟法,恢复真实孔隙度演化曲线。

1. 储层成岩演化序列约束下物性恢复

储层的现今孔隙是储层在埋藏过程中原生孔隙经过一系列成岩作用的改造后保存下来的那一部分孔隙和产生的部分次生孔隙的总和,要获得地质历史时期储层的孔隙度,就需要对不同时期储层孔隙进行恢复,进而研究储层的物性演化过程(李智等,2021;张玉晔等,2021)。

目前,恢复储层孔隙演化的研究方法主要有正演物理模拟法和反演回剥法两种方法。其中正演物理模拟法是指在沉积盆地实际地质条件的约束下,利用物理模拟方法模拟不同类型碎屑储集层在埋藏、成岩过程中物性参数的演化过程(吴满生等,2011);而反演回剥法是指在储层原始孔隙度恢复以及成岩演化序列建立的基础上,通过各种成岩作用对储层孔隙度的影响程度和影响时间进行分析,恢复地质历史时期储层的孔隙度(陆江等,2018)。

目前,关于储层物性演化的物理模拟实验研究主要集中在次生孔隙形成机理方面,有关碎屑岩储层埋藏成岩过程中物性参数变化的模拟才刚刚起步;关于储层地质历史时期孔隙度演化恢复主要是用反演回剥的方法(王岩泉等,2019;张月等,2020;马世东等,2021)。前人主要是利用反演回剥法的原理,根据成岩序列以及各种自生矿物和溶孔的面积百分比,定量计算各种成岩作用对储层孔隙度的贡献量,恢复地质历史时期储层的孔隙度,并没有确定成岩作用发生的精确时间以及压实作用校正等问题,也很少有人对储层地质历史时期的孔隙结构和渗透率进行研究。实际上,利用反演回剥法恢复地质历史时期储层孔隙演化,需要解决原始孔隙度求取、成岩演化序列的建立、面孔率与孔隙度的转化、成岩作用发生时间及压实校正等关键问题(陈戈等,2019;岳雨晴,2019;刘硕,2020)。

因此,本书在解决上述关键问题的基础上,首先,进行成岩演化序列约束下的储层地质历史时期孔隙度演化恢复;然后,恢复地质历史时期各主要成岩作用阶段储层孔隙结构;最终,在孔隙结构的约束下恢复储层地质历史时期的渗透率演化。研究的总体思路如下:

以杭锦旗地区上古生界致密砂岩储层为研究对象,在沉积特征、成岩演化序列研究的基础上,采用反演回剥法,以现今孔隙面貌为依托,以成岩演化序列为约束,定量计算分析各种成岩作用对孔隙度的影响,解决原始孔隙度的恢复、面孔率与孔隙度的转化及压实作用校正等关键问题,恢复储层在各地质历史时期的孔隙度;再以现今孔隙结构为基础,根据孔隙度反演回剥结果,恢复地质历史时期各主要成岩阶段的储层孔隙结构;以现今不同类型的储层孔隙结构特征为依据,确定地质历史时期各主要成岩阶段的储层孔隙结构类型,并利用相应类型的孔渗函数关系,计算地质历史时期储层渗透率;最终,建立杭锦旗地区上古生界致密砂岩储层物性演化图版。

1)成岩演化序列确定

通过上述分析已经得出杭锦旗不同地区的成岩演化序列有所差异(图 4-33)。

2)面孔率与孔隙度之间的转化关系建立

根据物理学原理,人眼可分辨视距处的最小线性距离约为 0.1mm,因此在显微镜放大 200 倍的情况下,人眼能分辨的最小线性距离为 0.5μm,即能识别的孔隙半径为 0.25μm。基于上述情况,将 200 倍镜下半径小于 0.25μm 的孔隙视为微孔,在镜下统计面孔率与孔隙度的关系时不予考虑,因此,借助于压汞资料确定出实测孔隙度中半径大于 0.25μm 的孔隙含量,就可以建立面孔率与孔隙度之间的函数关系(图 4-34)。

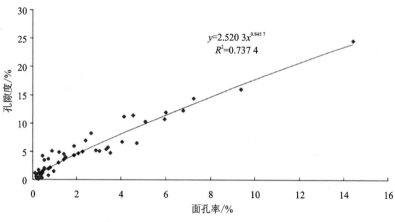

图 4-34 杭锦旗地区上古生界致密砂岩面孔率-孔隙度转化图

3)成岩演化序列约束下的反演回剥

利用成岩环境演化与埋藏史及流体包裹体相结合的原则确定各期流体形成的时间及结束时间,确定该流体控制下的各成岩作用开始及结束的时间,将这些时间投影到所要恢复的储层的单井埋藏史上,可获得各期成岩作用开始和结束时的古高程。

4)孔隙度演化恢复

利用图像处理软件将现今的孔隙精确圈出,计算此时的面孔率为 S1,根据成岩演化序列,恢复到最后一期成岩作用前的孔隙状态,即将最后一期成岩作用对储层物性的影响去除,计算此时的面孔率为 S2,则最后一期的成岩作用对面孔率的影响值就等于这两次面孔率 S1 和 S2 的差值,以此类推,恢复到最晚一期成岩作用发生前的状态。最后,将不同成岩作用时期恢复的面孔率带入已建立的面孔率-孔隙度关系式,转化为各成岩作用时期的储层孔隙度,建立根据流体包裹体资料及埋藏史分析等资料确定的各成岩作用发生的时间(埋深)与相应孔隙度的关系,就建立了孔隙度随时间(埋深)的演化关系。

5)压实校正

通过对成岩过程中压实作用的校正,可得孔隙度恢复结果(表 4-9)。

表 4-9 杭锦旗地区致密砂岩孔隙度恢复结果

距今/Ma	古埋深/m	成岩作用	反演回剥孔隙度/%	机械压实损失孔隙度/%	各时期真实孔隙度/%
270	0		34.7		43
260	750	压实作用、方解石胶结	10.2	8.1	34.9
240	1000	压实作用、长石和碳酸盐溶蚀、石英与高岭石沉淀	16.2	2.5	18.1
150	2100	压实作用/黏土转化	8.1	5.4	17.1
110	2350	压实作用/油气充注	8.1	2	15.1
0	3 047.3	压实作用	8.1	3.5	13.6

6)孔隙结构恢复

在储层原始孔隙恢复以及成岩演化序列建立的基础上,恢复地质历史时期储层的孔隙度。以 J131 井 3 047.31m 为例,结果显示,方解石胶结作用导致储层孔隙度减少 24.5%,后方解石胶结溶解增加 6%,长石溶蚀作用增加 3.6%,随后高岭石沉淀损失的孔隙度为 11.7%,在未发生胶结和溶蚀作用之前面孔率为 34.7%(图 4-35)。

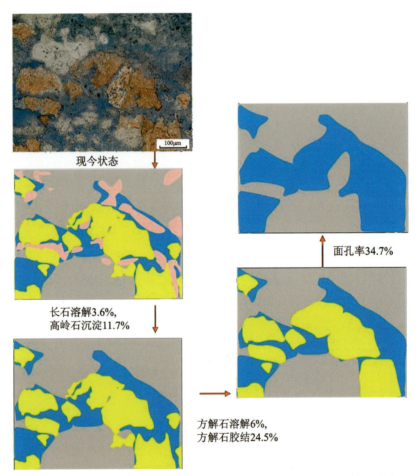

图 4-35 杭锦旗地区上古生界致密砂岩反演回剥法恢复各成岩阶段储层孔隙度
(以 J131 井盒三段 3 047.31m 为例)

7)渗透率恢复

在地质历史时期孔隙度与孔喉结构恢复的基础上,对每一阶段恢复的孔喉结构进行分类,根据每一类孔喉结构的 κ(渗透率)与 κ/Φ(渗透率/孔隙度)的关系,求取地质历史时期的渗透率。

8)建立储层地质历史时期物性演化综合图版

综合上述研究,建立 J131 井,3 047.31m 处储层地质历史时期物性演化综合图版(图 4-36)。

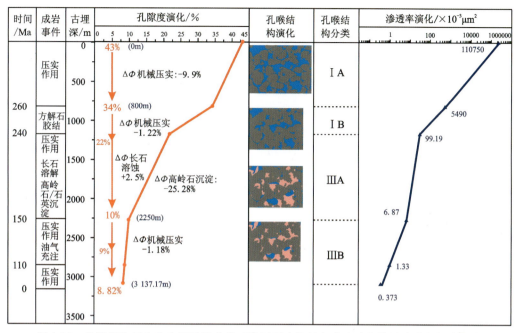

图 4-36　杭锦旗地区上古生界致密砂岩反演回剥法恢复各成岩阶段储层孔隙度与渗透率
（以 J132 井太原组 3 137.17m 为例）的关系

利用同样的方法,分别对杭锦旗不同地区进行了储层地质历史时期物性演化恢复,建立了相应的储层地质历史时期物性演化综合图版。

2. 不同地区储层物性恢复结果

通过上述方法对新召地区、独贵加汗地区、十里加汗地区和什股壕地区的储层物性进行恢复。结果显示,主要有 5 类成岩模式对储层进行改造:Ⅰ类,颗粒包壳保护、溶蚀改善、现今非致密型(溶蚀增孔量大于 20%)(图 4-37);Ⅱ类,黏土胶结主导致密型(胶结减孔量占 35%~75%)(图 4-38);Ⅲ类,石英胶结主导致密型(胶结减孔量占 35%~75%)(图 4-39);Ⅳ类,方解石胶结主导致密型(胶结减孔量占 40%~80%)(图 4-40);Ⅴ类,压实主导致密型(压实减孔量占 50%~90%)(图 4-41)。

第三节　天然气充注动力-阻力演化

致密砂岩气藏往往具有"近源成藏,持续充注"的特点,充注动力是决定其能否运聚成藏的关键因素;同时,由于致密砂岩储层的物性条件差,储层的排驱压力和中值压力较常规储层大,只有充注动力大于充注阻力时,天然气才能充注进入储层,进而聚集成藏。本节在前述天然气成藏关键时刻厘定基础上,恢复了主成藏期(关键时刻)的天然气充注动力与阻力,为后续天然气赋存机理研究奠定基础。

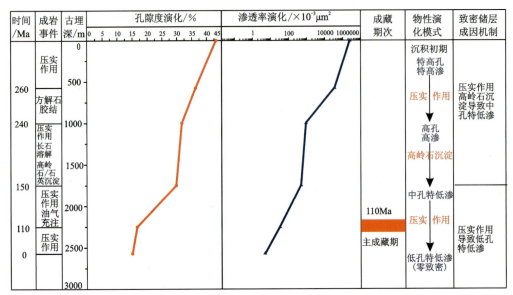

图 4-37 杭锦旗地区上古生界致密砂岩储层成岩改造模式图(J89 井盒一段 2 596.35m)

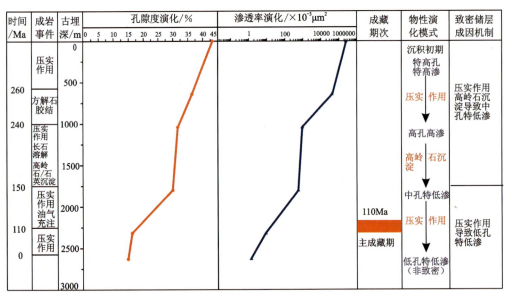

图 4-38 杭锦旗地区上古生界致密砂岩储层成岩改造模式图(J120 井盒三段 2517m)

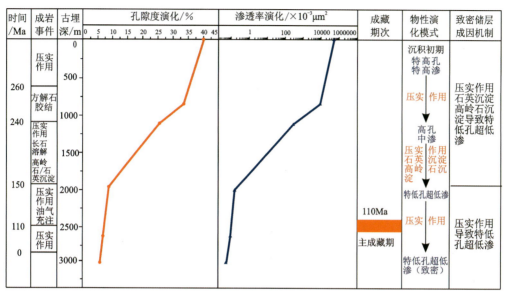

图 4-39　杭锦旗独贵加汗地区上古生界致密砂岩储层成岩改造模式图（J131 井盒三段 3 054.96m）

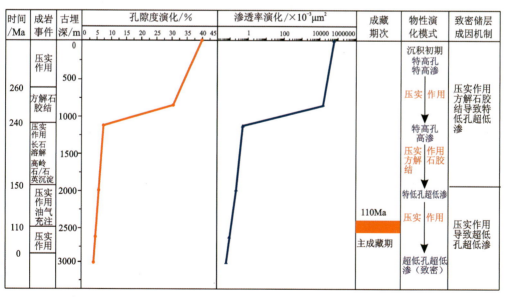

图 4-40　杭锦旗独贵加汗地区上古生界致密砂岩储层成岩改造模式图（J128 井盒三段 3 047.96m）

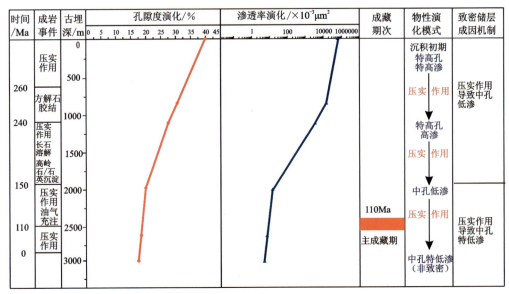

图 4-41　杭锦旗独贵加汗地区上古生界致密砂岩储层成岩改造模式图(J128 井盒三段 3 045.36m)

一、充注动力演化

圈闭储层能否被油气充注成藏,充注阻力是一方面,但是更为关键的还是充注动力。只要充注动力足够大,高阻区依然能充注成藏。对常规气藏而言,浮力是油气充注的主要动力,但对致密砂岩气藏而言,主要由源岩生烃增压导致的异常高剩余压力成为油气充注的动力。本书在热成熟史和生烃史模拟的基础上,重建了各单井的一维压力演化史,并模拟恢复了 9 条代表性剖面的二维压力演化史,进而刻画了盒一段储层在成藏关键时刻的压力场分布,实现盒一段储层成藏关键时刻的充注动力分析。

1. 单井压力演化

在 PetroMod 盆地模拟系统中,选用孔隙耦合流体压力模型,模拟重建了杭锦旗地区 41 口单井太原组—山西组煤系源岩的压力演化史。

模拟结果显示,杭锦旗地区太原组—山西组源岩地层压力总体经历一个大的"增压-泄压"旋回,其中又包含 3 个次一级的"增压-泄压"旋回,这与该区的构造-沉积演化史相对应。第一个次级"增压-泄压"旋回发生在 300～170Ma:从 300Ma 开始接受太原组沉积,并缓慢埋藏,由于此时区内源岩整体埋藏浅,成熟度低,以正常压力为主,直到早三叠世末期(约 240Ma,什股壕地区约 230Ma),区内煤系源岩才开始进入生烃门限,并产生过剩压力,但早侏罗世末期抬升剥蚀导致的泄压作用使早期积累的过剩压力被完全释放。第二个次级"增压-泄压"旋回发生在 170～144Ma:早侏罗世末期的抬升剥蚀作用结束后,区内源岩被再次埋藏,成熟度在之前的基础上进一步增加,源岩内过剩压力开始迅速积累,直到晚侏罗世末期,再一次的抬升剥蚀作用使区内压力被部分释放,但源岩内仍保留较大幅度的过剩压力(剩余压力)。第三个次级"增压-泄压"旋回发生在 144Ma～现今:早白垩世,源岩被再次深埋,成熟度也进一步增加,过剩压力的积累速率也比前两期快,特别是到 115Ma 之后,区内源岩整体进入生烃高峰,过剩压力得以快速积累,并在 100Ma 左右达到最大值,但伴随着晚白垩世以来的持续抬升,过剩压力得以持续释放,至现今,源岩内仍保留一定幅度的过剩压力。显然,第二个和第三个"增压-泄压"旋回的过剩压力积累/释放的速率与幅度均大于第一个旋回,并以第三个旋回的速率与幅度最大。

对比各区带代表性单井的过剩压力演化曲线(图 4-42),新召地区太原组—山西组源岩在研究区成藏关键时刻的过剩压力最大,独贵加汗地区次之,十里加汗地区再次之,什股壕地区最小。

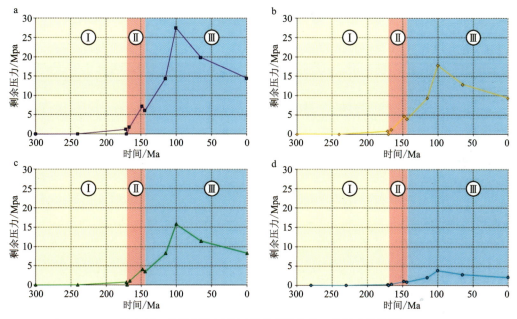

图 4-42 杭锦旗地区各区带代表性单井一维压力演化图
a. 新召地区 J62 井;b. 独贵加汗地区 J113 井;c. 十里加汗地区 J72 井;d. 什股壕地区 J17 井

2. 剖面压力演化

在单井压力演化史模拟的基础上,本次研究重建了 9 条代表性剖面的压力演化史。在杭锦旗地区西、中、东部各选取 1 条代表性测线论述其剖面剩余压力演化史。单井压力演化史模拟结果揭示,杭锦旗地区过剩压力的积累与释放主要发生在第二个和第三个"增压-泄压"旋回,即 170Ma 以来,因此,以下主要分析 170Ma 到现今的剖面过剩压力演化。

1) 西部新召地区代表性剖面

杭锦旗地区西部新召-公卡汗凸起没有三维地震资料,本书选取该区的二维测线 HN531 作为格架进行二维模拟建模。该测线自南向北穿过三眼井断裂和新召东-公卡汗凸起,经过 J79 井、J63 井和 J30 井。

模拟结果显示(图 4-43),早侏罗世末期(170Ma)抬升剥蚀结束期间,早期积累的过剩压力被完全释放,剖面压力为正常压力;而后随着上覆沉积物的不断充填,地层埋深的逐渐增加,

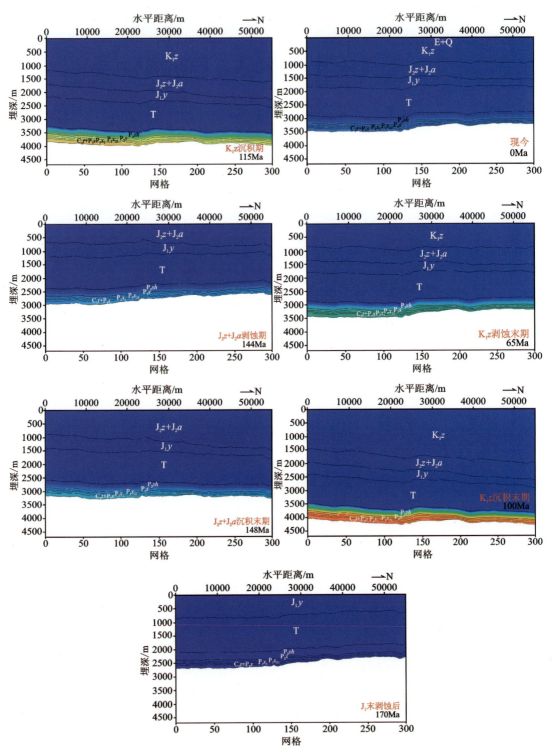

图 4-43　杭锦旗地区西部 HN531 测线二维压力演化图

剖面开始积累过剩压力;到中侏罗世安定组沉积结束后(148Ma),底部太原组—山西组源岩内的过剩压力已达7～8MPa,且南部比北部略高;在晚侏罗世末期的抬升剥蚀期(148～144Ma),剖面过剩压力得以部分释放,保留有5～6MPa的过剩压力;之后本区再次沉积埋藏,到115Ma,剖面过剩压力积累已十分显著;早白垩世直罗组沉积结束时(100Ma),剖面过剩压力达到最大,底部太原组—山西组煤系源岩内的过剩压力达25～30MPa,并具南高北低的特征;之后研究区整体遭受抬升,过剩压力被大规模的释放,直至形成现今的剖面过剩压力分布格局。

2)中部独贵加汗地区代表性剖面

本书基于独贵加汗区的三维地震资料,选取主河道剖面(过J126—J110—J103—J112—J57—J113井)作为格架进行二维模拟建模。所选测线呈北西-南东向,横跨泊尔江海子断裂和乌兰吉林庙断裂转换带。

模拟结果显示(图4-44),与HN531测线相似,该剖面在早侏罗世末期抬升剥蚀作用期间(170Ma),早期积累的过剩压力被完全释放,剖面处于正常压力状态;而后随着上覆沉积物的不断充填,地层埋深逐渐增加,过剩压力开始积累,到中侏罗世安定组沉积结束后(148Ma),底部太原组—山西组煤系源岩内已积累7～8MPa的过剩压力,且南部比北部略高;晚侏罗世末期的抬升剥蚀期(148～144Ma),剖面剩余压力被部分释放,降低至5～6MPa;之后该区再次接受沉积埋藏,到115Ma,剖面过剩压力已经十分显著,到早白垩世直罗组沉积结束时(100Ma),剖面过剩压力达到最大,底部太原组—山西组源岩内过剩压力达25～30MPa,并具南高北低的特征;之后研究区整体遭受抬升,过剩压力被大规模的释放,直到形成现今的剖面过剩压力分布格局。

3)东部十里加汗—什股壕地区代表性剖面

基于东部十里加汗—什股壕地区的三维地震资料,选取主河道剖面(过J11—J39—J43—J34—J54—J72—J56井)作为格架进行二维模拟建模。该测线为南北向,横穿本区最主要的断层——泊尔江海子断裂。

模拟结果显示(图4-45),与西部和中部代表性剖面相似,该剖面在早侏罗世末期抬升剥蚀期间(170Ma),早期积累的过剩压力被释放殆尽,剖面表现为正常压力;尔后随着上覆沉积物的不断充填,地层埋深逐渐增加,又开始积累过剩压力,至中侏罗世安定组沉积结束后(148Ma),底部太原组—山西组煤系源岩内的过剩余压力为4～5MPa,且断裂南北两盘差异不大;在晚侏罗世末期的抬升剥蚀期(148～144Ma),剖面过剩压力被部分释放,降低至3～4MPa;此后该区再次接受沉积埋藏,到115Ma,剖面过剩压力积累显著,且断裂南北盘差异开始显现;到早白垩世直罗组沉积结束时(100Ma),剖面过剩压力达到最大,底部太原组—山西组煤系源岩内的过剩压力达9～14MPa,且断裂南部的过剩压力明显大于北部;之后研究区整体抬升,过剩压力被大规模释放,直至形成现今剖面过剩压力分布格局。

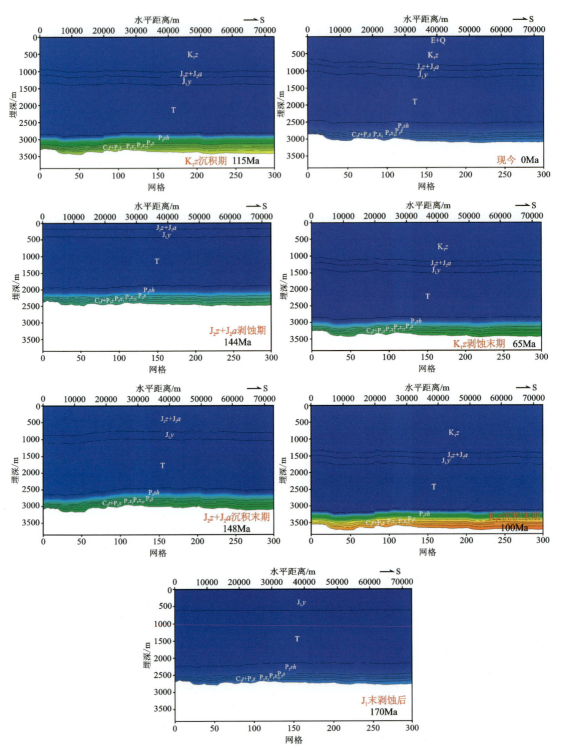

图 4-44 杭锦旗中部独贵加汗地区代表性剖面二维压力演化图

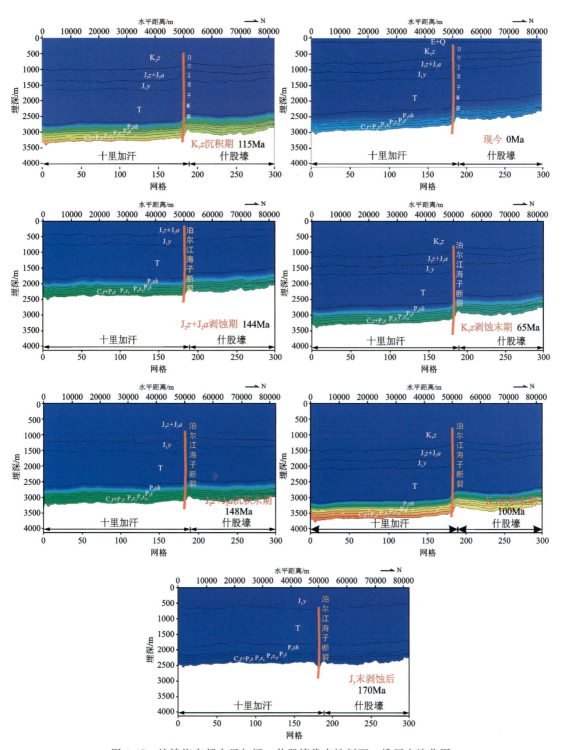

图 4-45 杭锦旗东部十里加汗—什股壕代表性剖面二维压力演化图

3. 成藏关键时刻平面充注动力展布

在全区41口单井和9条代表性剖面过剩压力演化史恢复的基础上,统计成藏关键时刻的剩余压力,再结合烃源岩展布、烃源岩热成熟史与烃源岩生烃史分析成果,刻画了杭锦旗地区太原组—山西组烃源岩在成藏关键时刻的过剩压力平面分布。由于烃源岩生烃增压产生的过剩压力是杭锦旗地区致密砂岩气藏天然气充注的主要动力,因而该过剩压力可代表本区成藏关键时刻的天然气充注动力。

研究结果显示(图4-46),杭锦旗地区成藏关键时刻过剩压力(充注动力)在平面分布上总体具有"西高东低、南高北低"的特征。基于过剩压力的分布状况并为了方便评价,本书定义剩余压力>15MPa为高充注动力,10MPa<剩余压力<15MPa为中充注动力,剩余压力<10MPa为低充注动力。根据该标准,新召地区成藏关键时刻的充注动力为19~29MPa,为高充注动力区;独贵加汗地区成藏关键时刻的充注动力为13~24MPa,为中—高充注动力区;十里加汗区成藏关键时刻的充注动力为11~15MPa,为中充注动力区;什股壕地区煤系源岩展布面积局限且厚度较小,其成藏关键时刻充注动力为4~11MPa,为低—中充注动力区,且10~11MPa的中充注动力区主要集中在南部断裂带附近。

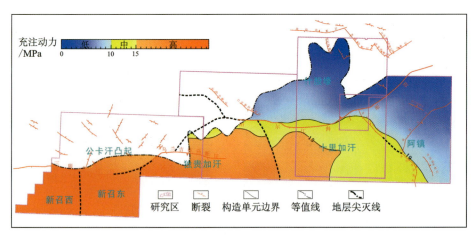

图4-46 杭锦旗地区成藏关键时刻天然气充注动力平面分布特征

二、充注阻力演化

如前所述,在成藏关键时刻(110Ma),新召和独贵加汗地区盒一段储层已经致密,十里加汗地区也处于近致密状态(孔隙度10%~12%),这些地区的致密砂岩气藏属于先致密后成藏型;只有什股壕地区储层至今还未致密,属于常规储层气藏。对新召、独贵加汗及十里加汗地区先致密后成藏型致密砂岩气藏而言,成藏关键时刻的天然气充注阻力大小对气藏的形成与分布具有重要的影响作用。

1. 成藏关键时刻孔隙度分布

如前所述,盒一段储层的现今孔隙度基本继承了其在成藏关键时刻早白垩世末期的分布特征,即杭锦旗地区盒一段储层的现今孔隙度基本代表了其在成藏关键时刻的孔隙度。

基于70余口单井盒一段岩芯测试与测井孔隙度的统计分析,结合河道砂体差异性展布的地质背景分析,本书刻画了杭锦旗地区下石盒子组储层现今孔隙度分布,也即成藏关键时刻的孔隙度分布特征(图4-47)。

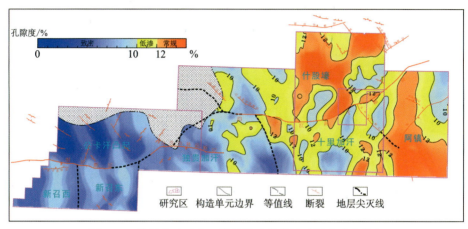

图 4-47　杭锦旗地区盒一段储层成藏关键时刻孔隙度分布

结果表明(图4-47),杭锦旗地区盒一段储层孔隙度总体上具有从西南到东北逐渐增加的趋势,但同时也呈现出横向变化快、高孔低孔区频繁交替的特点。一方面受本区盒一段埋深格局(西南深东北浅)的控制,另一方面受盒一段砂体主要呈南北向展布、东西向相变快制约。横向上,新召地区盒一段储层现今暨成藏关键时刻的孔隙度为5%~8%,属于致密储层;独贵加汗地区孔隙度为6%~11%,主体属于致密储层,且平面变化快,非均质性强;十里加汗地区盒一段储层孔隙度为8%~12%,属于致密—近致密储层;什股壕地区盒一段储层孔隙度为9%~14%,主体属于常规储层,但主河道之间、砂体较薄的局部区域存在致密储层。

同样地,杭锦旗地区盒二、盒三段储层孔隙度分布表明,盒二、盒三段储层孔隙度整体较盒一段大,且同样具有从西南到东北逐渐增加的趋势。横向上,新召地区盒一段储层现今暨成藏关键时刻的孔隙度为6%~12%,基本属于致密—近致密储层;独贵加汗地区孔隙度为6%~14%,主体属于致密—近致密储层,且平面变化快,非均质性强;十里加汗地区盒一段储层孔隙度为8%~16%,主体属于近致密—常规储层;什股壕地区盒一段储层孔隙度为9%~22%,基本都属于常规储层。

2. 成藏关键时刻充注阻力

烃源岩生成的油气充注进入储层时遇到的主要阻力来自储层孔隙介质对油气的毛细管力。储层压汞实验是测试储层毛细管力的重要手段,排替压力可以看作流体进入储层的门槛压力,而中值压力则可以作为储层油气富集的门槛压力。基于28口单井总计107块储层样品压汞实验资料的统计分析,并参考陈义才等(2010)在研究苏里格气田充注阻力时提出的校正方案对实测排替压力进行校正,本书分区带拟合了盒一段储层孔隙度与排驱压力及中值压力的关系,进而定量刻画了盒一段储层在成藏关键时刻充注阻力的平面分布。

1) 排替压力

通过压汞资料的统计,分区拟合得到储层孔隙度与排替压力(油气充注门槛压力)之间的关系如下(图4-48)。

独贵加汗地区:

$$P_c = 19.873 \Phi^{-1.598} \quad (R^2 = 0.510\,9) \tag{4-1}$$

十里加汗地区:

$$P_c = 14.871 \Phi^{-1.584} \quad (R^2 = 0.369\,1) \tag{4-2}$$

什股壕地区:

$$P_c = 29.586 \Phi^{-1.5} \quad (R^2 = 0.887\,7) \tag{4-3}$$

式中,P_c为排替压力(MPa);Φ为孔隙度(%)。

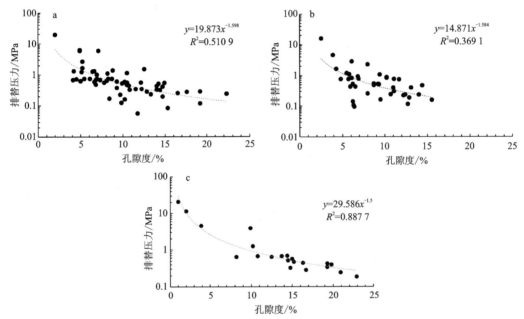

图 4-48 杭锦旗地区不同区带盒一段孔隙度与排替压力拟合关系
a. 独贵加汗地区;b. 十里加汗地区;c. 什股壕地区

新召地区目前尚无储层压汞测试资料,因此选用与其最接近的独贵加汗地区的拟合公式进行计算。

将杭锦旗盒一段成藏关键时刻的孔隙度分区带代入上述拟合公式进行换算,即可得到该区盒一段储层在成藏关键时刻的排替压力,即油气充注门槛压力分布。结果显示(图4-49),杭锦旗地区盒一段储层在成藏关键时刻的充注门槛压力主体分布在0.5~1.8MPa之间,并具有"东西分带、南北分块"的特点。一方面,在总体具有西高东低的趋势下,又有局部高低值区交替出现现象;另一方面,以泊尔江海子断裂为界,南北分块明显,断裂北侧什股壕地区盒一段储层的排替压力比断裂南侧十里加汗地区大。

同样地,可得到杭锦旗地区盒二、盒三段储层在成藏关键时刻的排替压力。结果表明,杭锦旗地区盒二、盒三段储层在成藏关键时刻的气充注门槛压力主体分布在0.2~1.2MPa之

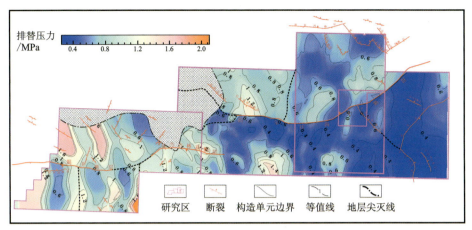

图 4-49　杭锦旗地区盒一段成藏关键时刻排替压力分布图

间,整体较盒一段低,且具有"东西分带、南北分块"的特点。

2) 中值压力

排替压力只是油气开始充注进入储层时的阻力,若要形成油气富集(含气饱和度 50%)则需要克服压汞测试中的中值压力,即中值压力可以看作是油气富集的门槛压力。

通过压汞资料的统计,分区拟合得出杭锦旗地区盒一段储层孔隙度与中值压力之间的关系如下(图 4-50)。

独贵加汗地区：

$$P_{c50} = 532.91\,\Phi^{-1.836} \quad (R^2 = 0.417\,3) \tag{4-4}$$

十里加汗地区：

$$P_{c50} = 349.21\,\Phi^{-1.699} \quad (R^2 = 0.319\,4) \tag{4-5}$$

什股壕地区：

$$P_{c50} = 42.091\,\Phi^{-0.605} \quad (R^2 = 0.223\,4) \tag{4-6}$$

式中,P_{c50} 为中值压力(MPa);Φ 为孔隙度(%)。

同样,由于新召地区没有压汞测试资料,因此选用与其最接近的独贵加汗地区的拟合公式进行计算。

将杭锦旗地区盒一段成藏关键时刻的孔隙度分区带带入上述拟合公式进行换算,即可得到该区盒一段储层在成藏关键时刻中值压力,即油气富集门槛压力分布。结果显示(图 4-51),杭锦旗地区盒一段储层在成藏关键时刻的油气富集门槛压力主体分布在 6～30MPa 之间,并总体具有"西高东低、北高南低"的特点。

基于研究区中值压力地实际分布状况并为了评价方便,定义 $P_{c50}>15$MPa 为高阻力,10MPa$<P_{c50}<$15MPa 为中阻力,$P_{c50}<$10MPa 为低阻力。显然,区域上,新召地区盒一段储层在成藏关键时刻的中值压力主体在 12～30MPa 之间,为中—高阻力区,但是在主河道砂体上中值压力较小,仅为 10～12MPa,为该区天然气富集的有利区;独贵加汗地区盒一段储层在成藏关键时刻的中值压力介于 6～15MPa 之间,为中—低阻力区,但其东南部位于构造下倾方向,河道砂体不甚发育,中值压力达到 18～22MPa,不利于天然气富集;十里加汗地区盒一

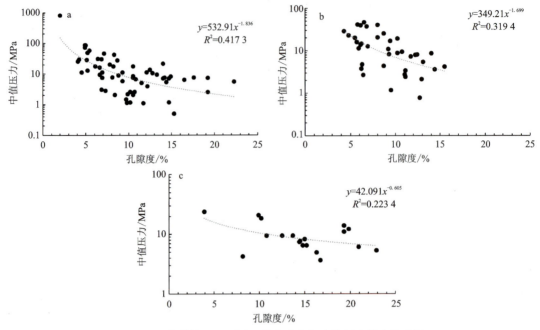

图 4-50　杭锦旗地区不同区带孔隙度与中值压力拟合关系图
a. 独贵加汗地区；b. 十里加汗地区；c. 什股壕地区

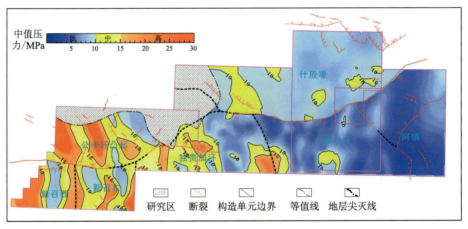

图 4-51　杭锦旗地区盒一段储层成藏关键时刻中值压力分布图

段储层在成藏关键时刻的中值压力为 6~12MPa，也是中—低阻力区，并且其阻力总体较独贵加汗地区小；十股壕地区盒一段储层在成藏关键时刻的中值压力介于 8~10MPa 之间，为低阻力区。

同样地，可得到杭锦旗地区盒二、盒三段储层在成藏关键时刻的中值压力。结果表明，杭锦旗地区盒二、盒三段储层在成藏关键时刻的气富集门槛压力主体分布在 4~24MPa 之间，整体较盒一段低，且具有"东西分带、南北分块"的特点。区域上，新召地区盒二、盒三段储层在成藏关键时刻的中值压力主体在 12~20MPa 之间，为中—高阻力区；独贵加汗地区盒二、盒三段储层在成藏关键时刻的中值压力介于 4~15MPa 之间，为中—低阻力区，但其东南部位于构造下倾方向,河道砂体不甚发育,中值压力达到18~22MPa,不利于天然气富集;十里加汗地区盒二、盒三段储层在成藏关键时刻的中值压力为4~12MPa,也是中—低阻力;十股壕地区盒二、盒三段储层在成藏关键时刻的中值压力介于8~10MPa之间,为低阻力区。

第四节　天然气运聚动力学条件及过程

一、不同致密类型储层天然气富集动力学条件

杭锦旗地区不同区带储层致密化成因机理差异显著,中部独贵加汗区下石盒子组段主要以溶蚀改善未致密型、高岭石胶结主导型为主,储层致密化成因类型最好;西部新召区主要为压实主导型和石英胶结主导型,其次为高岭石胶结型,储层致密化成因类型次之;东部十里加汗区下石盒子组段主要为压实主导型、溶蚀改善未致密型和高岭石胶结主导型,储层致密化成因类型略差;东北部什股壕区下石盒子组段主要为压实主导型及方解石胶结主导型,储层致密化成因类型最差。主要目的层埋藏史研究表明,杭锦旗地区同一构造区带内储层埋藏演化过程相似,相近埋深储层初始孔隙度差异不大,但由于后期成岩差异改造作用导致相近埋深储层致密化过程产生显著差异,在不同致密化成因机理控制下其孔隙度演化特征亦有显著不同,因此分区定量恢复不同致密化成因约束下的孔隙度演化历史,基于物性与充注阻力分区相关性,可重建同一套储层不同致密化成因机理控制下的充注阻力演化,进而厘定关键时刻不同致密化成因代表储层层段的充注阻力特征,为致密砂岩气富集的动力学条件评价提供关键参数。

1.不同致密类型储层充注动力-阻力演化历史

1)西部新召地区

依据代表井J138主要目的层埋藏史及古地温演化史可知,山二段储层(3750m)自晚石炭世沉积以来,沉积期—深埋期一直表现为持续深埋过程,古地温演化亦持续增大;至晚白垩世(100Ma)开始进入缓慢抬升阶段,古地温亦表现为缓慢降低特征(图4-52)。研究表明该套山二段储层为压实主导致密型,孔隙度演化一直表现为持续减少的演化特征,其充注阻力演化则表现为持续增大。本区山二段油气成藏关键期为110Ma,关键时刻山二段储层已致密,储层整体为高阻力(9.63MPa)和高动力(22.16MPa)特征,净动力高,山二段致密储层具备气富集的动力学条件(图4-53)。

2)中部独贵加汗地区

依据代表井J128主要目的层埋藏史及古地温演化史可知,太原组与盒三段储层自晚石炭世沉积以来经历相似埋藏及升温-降温过程,沉积期—深埋期一直表现为持续深埋过程,古地温演化亦持续增大;至晚白垩世(100Ma)开始进入缓慢抬升阶段,古地温亦表现为缓慢降低特征。研究表明该井太原组与盒三段储层致密化成因有显著差异,太原组(3265m)储层为石英胶结主导致密型,盒三段(3045m)储层为溶蚀改善未致密型,盒三段(3047m)储层为方解石胶结致密型,对比发现盒三段3045~3047m仅间隔2m,储层埋藏史和古地温演化几乎一致,但现今储层物性差异十分显著(图4-54)。

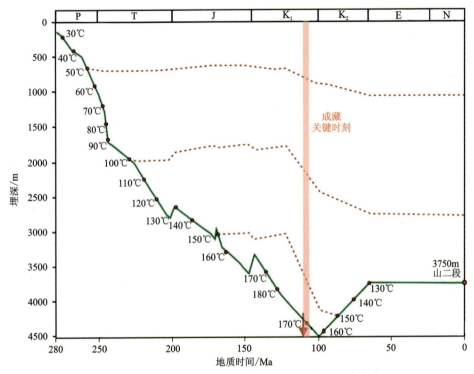

图 4-52　新召区代表井 J138 储层埋藏史及古地温演化史

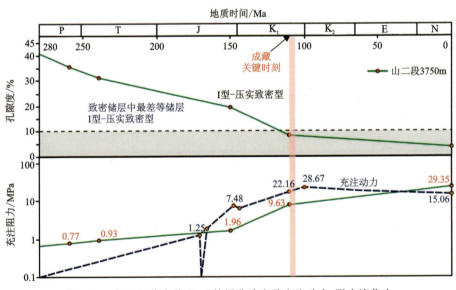

图 4-53　新召区代表井 J138 储层孔隙度及充注动力-阻力演化史

究其原因,在不同致密化成因机理控制下盒三段上、下两套储层孔隙度演化具有极大的不同,对于盒三段(3047m)储层而言,由于方解石胶结主导致孔隙度在 245Ma 就快速致密,而盒三段(3045m)储层由于溶蚀成岩作用主导,其孔隙度虽持续减小,但一直未进入致密化区间。太原组(3265m)储层孔隙度演化亦受石英胶结作用影响,进入致密时间较晚。因此,

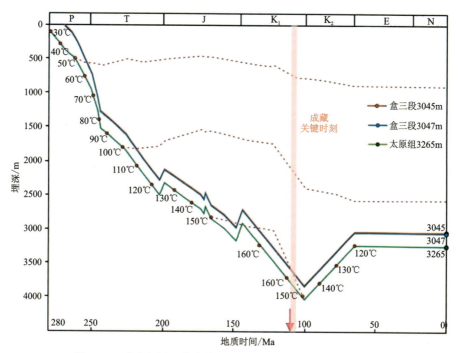

图 4-54　独贵加汗区代表井 J128 储层埋藏史及古地温演化史

成岩改造模式差异是同埋藏史背景下储层孔隙度差异演化及储层致密化过程差异的主要原因。在储层致密化过程的差异演化控制下，太原组及盒三段储层的充注阻力演化亦有其独特性，结合其充注动力演化来看，独贵加汗地区 J128 井区成藏关键时刻充注动力为 11.73MPa，太原组（3265m）石英胶结致密主导致密型储层关键时刻为高充注阻力 9.51MPa，盒三段（3045m）溶蚀改善未致密型储层关键时刻为低充注阻力 2.45MPa，盒三段（3047m）方解石胶结主导致密型储层关键时刻为极高充注阻力 26.61MPa，三者中仅盒三段（3045m）溶蚀改善未致密型储层具备气富集的动力学条件（图 4-55）。

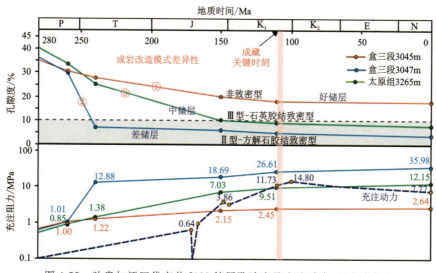

图 4-55　独贵加汗区代表井 J128 储层孔隙度及充注动力-阻力演化史

3)东部十里加汗地区

依据代表井 J120 主要目的层埋藏史及古地温演化史可知,盒三段储层自晚石炭世沉积以来经历相似埋藏及升温-降温过程,沉积期—深埋期一直表现为持续深埋过程,古地温演化亦持续增大;至晚白垩世(100Ma)开始进入缓慢抬升阶段,古地温亦表现为缓慢降低特征。研究表明该井盒三段 2 套储层致密化成因有显著差异,盒三段(2571m)储层为溶蚀改善未致密型,盒三段(2575m)储层为方解石胶结致密型,对比发现盒三段 2571~2575m 仅间隔 4m,储层埋藏史和古地温演化几乎一致,但现今储层物性差异十分显著(图 4-56)。

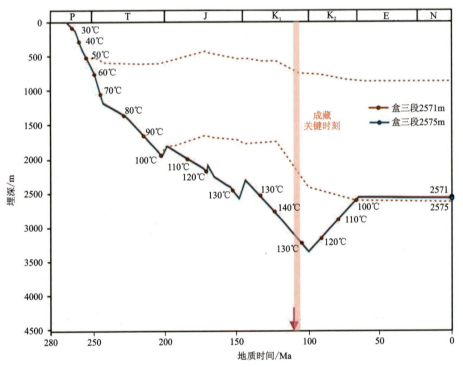

图 4-56 十里加汗区代表井 J120 储层埋藏史及古地温演化史

究其原因,在不同致密化成因机理控制下盒三段上、下两套储层孔隙度演化具有极大的不同,对于盒三段(2575m)储层而言,由于方解石胶结主导导致孔隙度在 240Ma 就快速致密,而盒三段(2571m)储层由于溶蚀成岩作用主导,其孔隙度虽持续减小,但一直未进入致密化区间。因此,成岩改造模式差异是同埋藏史背景下储层孔隙度差异演化及储层致密化过程差异的主要原因。在储层致密化过程的差异演化控制下,盒三段 2 套储层的充注阻力演化亦有其独特性,结合其充注动力演化来看,十里加汗地区 J120 井区成藏关键时刻充注动力为 10.8MPa,盒三段(2575m)溶蚀改善未致密型储层关键时刻为低充注阻力 2.97MPa,盒三段(2571m)方解石胶结主导致密型储层关键时刻为高充注阻力 7.87MPa,显示盒三段 2 套储层皆具备气富集的动力学条件(图 4-57)。

4)东北部什股壕地区

依据代表井 J81 主要目的层埋藏史及古地温演化史可知,盒三段储层自晚石炭世沉积以来经历相似埋藏及升温-降温过程,沉积期—深埋期一直表现为持续深埋过程,古地温演化亦

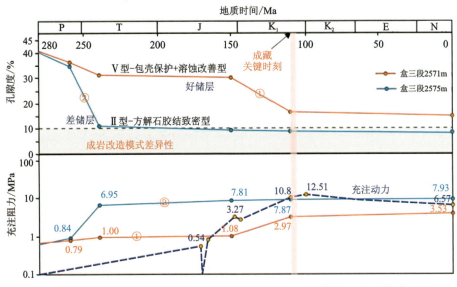

图 4-57 十里加汗区代表井 J120 储层孔隙度及充注动力-阻力演化史

持续增大;于晚侏罗世(150Ma)及早白垩世末(100Ma)分别进入抬升阶段,古地温亦表现为缓慢降低特征。研究表明该井盒三段 2 套储层致密化成因有差异但皆属于较差类型,盒三段(2608m)储层为压实主导致密型,盒三段(2596m)储层为方解石胶结致密型,在 2596~2608m 仅间隔 12m,储层埋藏史和古地温演化几乎一致,但现今储层物性有所差异(图 4-58)。

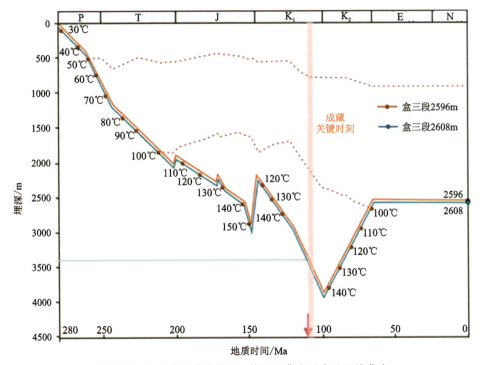

图 4-58 什股壕区代表井 J81 储层埋藏史及古地温演化史

究其原因,在不同致密化成因机理控制下盒三段上、下两套储层孔隙度演化具有极大的不同,对于盒三段(2596m)储层而言,由于方解石胶结主导致孔隙度在245Ma就快速致密,而盒三段(2608m)储层由于压实作用主导,其孔隙度亦持续减少,但减孔过程相对缓慢,于115Ma开始进入致密区间。因此,成岩改造模式差异是同埋藏史背景下储层孔隙度差异演化及储层致密化过程差异的主要原因。在储层致密化过程的差异演化控制下,盒三段2套储层的充注阻力演化亦有其独特性,结合其充注动力演化来看,什股壕地区J81井区成藏关键时刻充注动力为 6.76MPa,盒三段(2608m)压实主导致密型储层关键时刻为低充注阻力9.84MPa,盒三段(2596m)方解石胶结主导致密型储层关键时刻为高充注阻力10.95MPa,显示盒三段2套储层都不具备气富集的动力学条件(图4-59)。

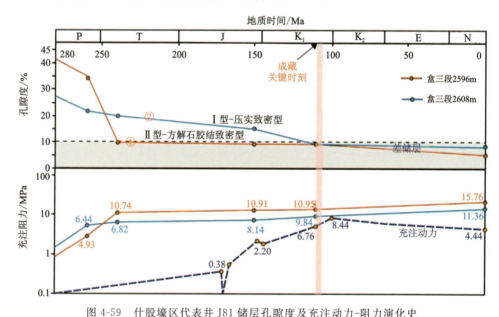

图 4-59　什股壕区代表井J81储层孔隙度及充注动力-阻力演化史

2. 不同致密类型砂岩气富集动力学条件评价

1)压实主导致密型

压实主导致密型常发育在原始分选性差,杂基和岩屑含量高的砂岩、砂岩和粉砂岩中,压实减孔占50%~90%。强压实成岩相主要发育在河道砂体底部砾岩、河道间和泛滥平原薄层砂体,在主成藏期前已经致密化。该类成因致密砂岩储层在新召地区最为发育,其次为独贵加汗和十里加汗地区,什股壕地区并不常见。研究认为,该类成因致密砂岩储层原始分选性差,杂基、岩屑含量高,孔隙结构差,无论净动力多高都不易富集。以J79井3 503.4m处盒一段砂岩为例。J79井位于研究区西南部新召区,源岩条件好,净动力21.86MPa,属高净动力充注背景,但是测井解释含气饱和度为0,综合解释为干层。究其原因,压实作用主导致密化过程导致储层微观孔隙结构差,不利于天然气充注。

2)方解石胶结主导致密型

方解石胶结主导致密型常发育在分选性中等—好、石英含量中等的含砾砂岩、砂岩和粉砂岩中,方解石胶结减孔占 40%～80%。方解石胶结主要发育在心滩和河道的厚层砂体边部、河漫滩和分流河道间的薄层砂体,在主成藏期前已经致密化。该类胶结在什股壕地区最为常见,其次为独贵加汗和十里加汗,在新召地区并不常见。研究认为,该类成因致密砂岩储层天然气富集的动力学条件为净动力大于 4MPa。

3) 石英胶结主导致密型

石英胶结主导致密型常发育在分选性好、石英颗粒含量高的砂岩、含砾砂岩,石英胶结减孔占 35%～75%。石英胶结主要发育于心滩和河道的粗砂岩相,石英与变质石英岩岩屑含量高,在主成藏期前已经致密化。该类胶结在新召地区最为发育,其次为独贵加汗地区和十里加汗地区,在什股壕地区并不常见。研究认为,该类成因致密砂岩储层天然气富集的动力学必要条件为净动力大于 7MPa,即净动力小于 7MPa 不利于富集。

4) 黏土胶结主导致密型

黏土胶结主导致密型常发育在长石、岩屑等不稳定组分含量高的砂岩和含砾砂岩中,黏土胶结减孔占 35%～75%。黏土胶结主要发育在心滩和河道的中—细砂岩相,在主成藏期前已经致密化。该类胶结在独贵加汗地区、十里加汗地区和什股壕地区较为发育,新召地区次之。研究认为,该类成因致密砂岩储层天然气富集的动力学条件为高净动力下部分富集。

5) 颗粒包壳保护、溶蚀改善、现今非致密型

颗粒包壳保护、溶蚀改善、现今非致密型常发育在石英稳定组分含量高的含砾砂岩和粗砂岩中,溶蚀增孔量大于 20%。溶蚀相主要发育于心滩和河道强水动力下环境,主成藏期前未致密,现今也未致密。在独贵加汗地区和十里加汗地区最为发育,什股壕地区次之,新召地区较为少见。该类储层属于致密背景下的甜点区,在高净动力条件下天然气最为富集。

二、天然气运聚过程

就杭锦旗地区天然气运聚的动力学条件而言,以三眼井-泊尔江海子断裂为界,断裂南北分属两种不同的运聚动力学背景,受控于圈闭类型及储层物性,断裂以北上古生界储层物性较好,主体为常规—低渗储层,圈闭类型主要为构造圈闭,岩性圈闭为次要类型。因此,该区天然气运聚动力以浮力为主,而在储层物性较好的背景下其排替压力较低,天然气在浮力驱动下易于克服排替压力而持续注入储层;同时,考虑到断裂以北山西组—太原组煤层分布范围有限、厚度较薄且埋藏浅成熟度低,生烃强度十分有限,主要的气源为南侧广覆式的高熟煤层生成的煤型气,受浮力控制沿泊尔江海子断裂纵向调整至北侧上古生界输导层中,最终持续侧向汇聚至构造圈闭的高点中成藏。

相较而言,断裂以南上古生界储层物性较差,主体为致密—低渗储层,圈闭类型主要为岩性圈闭,构造-岩性圈闭为次要类型。在此背景下,成藏关键时刻的上古生界储层的充注动力-阻力差(净动力)则成为关键的动力学因素,驱动源内高熟煤型气近源充注至源岩相邻岩性圈闭中成藏。由于杭锦旗地区上古生界不同时期砂体展布模式差异较大,储层物性受控于原生沉积与后生成岩作用的双重影响,空间上孔渗分布非均质性较强,砂体叠置方式差异及物性空间分布非均质性导致充注阻力在无论是横向不同区域输导层内还是纵向不同层系间皆差异显著,此类致密—低渗背景下的岩性圈闭多数情况下会形成气水分异不甚明显,气水类型

复杂多变的致密岩性气藏。

本次在前述充注动力及中值阻力(气富集门槛阻力)的耦合计算基础上,考虑河道及河道间不同类型输导层流体渗流性,基于主要储层盒一段顶面构造图,储层含砂率图及孔隙度平面分布,区域大型断裂体系横向输导性能等多种控制因素,完成了成藏关键时刻盒一段储层顶面油气运聚特征定量表征(图 4-60),初步明确泊尔江海子断裂南北天然气运聚规律,结合盒一段储层分布与天然气产能综合图,重点讨论了独贵加汗地区横向含气性差异的控制因素,总结如下:燕山后期—喜马拉雅期构造运动造成了天然气调整运移,区域上油气运移方向由北西转变为北东向,成藏关键时刻油气优势运移方向有两个:一是杭锦旗中西部由西南向北东汇聚;二是杭锦旗东部由南向北汇聚。油气分布主要受优势运移路径控制,运移路径主要受控于储层物性差异所导致的充注阻力差异、输导格架展布及上倾方向封闭条件。盒一段大面积分布的辫状河道是油气向低势区侧向运移的主要通道,受上倾方向河漫滩沉积带遮挡,中部独贵加汗与东部十里加汗分属不同运聚体系;独贵加汗地区储层含气性西差东好,含气性好坏主要与天然气汇聚路径上断裂侧向封堵性、成藏动力学条件及上倾方向岩相封闭有关。

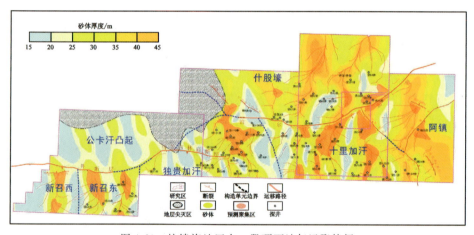

图 4-60 杭锦旗地区盒一段顶面油气运聚特征

第五章 气水赋存机理

与邻区大牛地气田相比,杭锦旗地区气藏具有明显的产水特征,高产气层、低产气层与(含气)水层共存,气水性质与分布关系十分复杂。本书基于杭锦旗地区 100 余口单井的地层水测试与试气资料及气水层测井解释成果,系统分析了研究区地层水化学特征和气水分布特征,为后续天然气赋存机理研究奠定基础。

第一节 气水层识别与空间分布

本书基于 65 口试气井日产气水量的统计分析,分区刻画了杭锦旗地区盒一段气藏的气水横向分布特征,并结合测井解释成果,明确了其气水纵向分布特征。

一、气水层识别依据

本书采用的气水层分类方案主要依据测井解释成果,参考华北石油管理局 2018 年的杭锦旗储层分类方案(表 5-1、表 5-2),将本区气水层解释归为 6 类,分别是纯气层、气水同层、水层、含气层、含水层及干层。就储层分类而言,本区无论是山二段~盒一段储层还是盒二、盒三段储层,其储层类型划分主要依据 AC(声波测井)值,分别以 $230\mu s/m$ 与 $220\mu s/m$ 为界将本区山二段~盒一段储层分为三类:一类储层代表物性相对较好,气测全烃分布范围广但可见明显高显示的储层;二类储层代表物性中等,气测全烃分布中等—较低显示的储层;三类储层为物性较差且无气测全烃显示的储层。在上述储层分类基础上,依据 LLD(深侧向测井)参数分布划分气水层类型,在储层类型相同的情况下,纵向上不同目的层系气水层识别依据会有所差异。以一类储层为例,山二段~盒一段储层划分纯气层,气水同层及水层的 LLD 参数标准分别为 $\geqslant 20$、$10\sim 20$ 及 <10,而盒二、盒三段储层分别为 $\geqslant 15$、$8\sim 15$ 及 <8。

表 5-1 山二段与盒一段储层分类方案

储层类型	解释结论	$AC/(\mu s \cdot m^{-1})$	$LLD/\Omega \cdot m$	全烃
一类储层	纯气层	$\geqslant 230$	$\geqslant 20$	高
	气水同层	$\geqslant 230$	$10\sim 20$	低—中
	水层	$\geqslant 230$	<10	无—低
二类储层	含气层	$220\sim 230$	$\geqslant 20$	中
	含水层	$220\sim 230$	<20	无—较低
三类储层	干层	<220	>20	无

表 5-2　盒二、盒三段储层分类方案

储层类型	解释结论	AC/(μs·m^{-1})	LLD/Ω·m	全烃
一类储层	纯气层	≥230	≥15	高
一类储层	气水同层	≥230	8～15	低—中
一类储层	水层	≥230	<8	无—低
二类储层	含气层	220～230	≥15	中
二类储层	含水层	220～230	<15	无—较低
三类储层	干层	<220	>15	无

二、气水分布特征

1. 新召地区

统计结果表明(图 5-1),杭锦旗西南部新召地区盒一段有产能的井集中在新召东区,且不同单井的日产气水量差异明显,如:锦 30 井日产气 17 140m³,产水 13.6m³,综合评价为工业气层;锦 63 井日产气 7170m³,产水 2.4m³,综合评价为含水气层;锦 61 井日产气只有 1044m³,无地层水产出,综合评价为低产气层。总体上,该区产能井主要位于砂体发育区,且基本都具气水同产的特点,连续性不明显。

纵向上(图 5-2),该区产层类型有纯气层、纯水层和含气水层,且在下倾方向富集,层位上主要聚集于山西组和盒一段等底部地层,上部的盒二、盒三段基本都是水层。该区气水纵向关系复杂,既有上气下水的正常气水关系,也有上水下气的气水倒置,表明本区致密砂岩气藏物性非均质性强,成藏类型有所差异。

2. 独贵加汗地区

统计结果表明(图 5-3),杭锦旗中部独贵加汗地区盒一段高产能的井主要集中在泊尔江海子断裂和乌兰吉林庙断裂的转换带内,且单井日产气水量横向差异悬殊,如:锦 110 井日产气 40 360m³,基本不产水,综合评价为工业气层;锦 86 井日产气 48503m³,基本不产水,综合评价为工业气层;锦 107 井日产气 3518m³,产水 6.5m³,综合评价为含水气层;但锦 31 井、锦 78 井日产气量分别只有 199m³、353m³,无地层水产出,综合评价为低产气层;锦 96 井、锦 85 井均不产气,日产水量分别为 2.4m³、1.8m³,为纯水层。横向上,该区高产能井主要集中在断裂转换带内的主河道砂体发育区,且基本为纯产气的工业气层,连续性好,这可能与其上倾方向盒一段地层尖灭提供的良好保存条件有关；而在构造下倾方向，单井产量差异大，气层分散发育，连续性差。

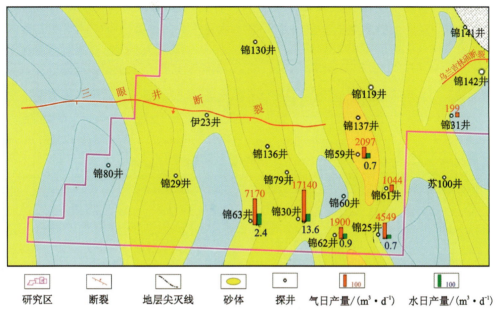

图 5-1　杭锦旗新召地区盒一段单井气水产能平面分布图

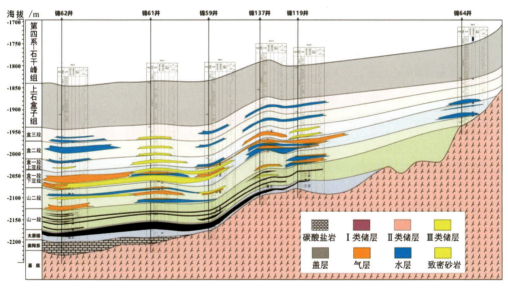

图 5-2　石炭－二叠系气藏剖面图（新召地区）

纵向上（图 5-4），该区产层类型有纯气层、纯水层和气水同层，并在上倾方向富集，盒一段下部为主要的聚集层段，上部的盒二、盒三段以水层为主。纵向上主要呈现为上气下水的正常气水关系。

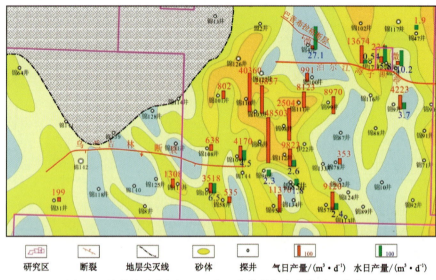

图 5-3　杭锦旗独贵加汗地区盒一段单井气水产能平面分布图

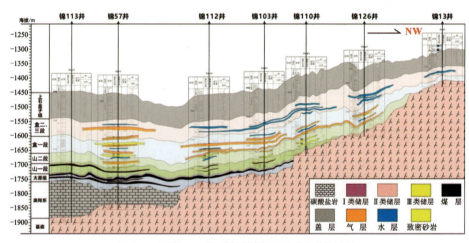

图 5-4　石炭—二叠系气藏剖面(独贵加汗地区)

3. 十里加汗地区

十里加汗地区位于杭锦旗地区东部、泊尔江海子断裂南部,断裂对该区气水分布有重要影响。统计结果表明(图 5-5),该区盒一段单井产气量总体较独贵加汗地区低,水层较多,如:锦 77 井日产气 33 480m³,产水 5.08m³,综合评价为工业气层;锦 72 井日产气 11 220m³,产水 2.2m³,综合评价为含水气层;锦 6 井、锦 74 井、锦 76 井均不产气,日产水量分别为 11m³、22.7m³、17.2m³,为纯水层。横向上,该区高产能井主要集中在南部地区,且平面差异性明显,连续性不好。在该区北部断裂带附近,断裂的封闭性对其保存条件有直接影响。从断裂带附近东西向展布几口井的试气结果来看,从西向东依次是:锦 9 井日产气 4223m³,产水 2.2m³;锦 90 井日产气微量,产水 5.2m³;锦 53 井日产气 1425m³,无产水;伊 19 井无产气,产水 0.88m³。这种差异性可能与断裂带的分段活动有关。

纵向上(图 5-6),该区以纯气层、纯水层为主,天然气在下倾方向富集,并且以盒一段下部和山一段为主要的聚集层,上部的盒二、盒三段以水层为主。垂向上主要是上气下水的正常气水关系。

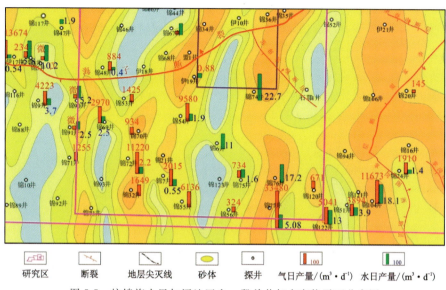

图 5-5 杭锦旗十里加汗地区盒一段单井气水产能平面分布图

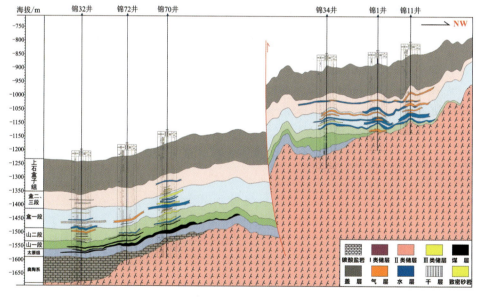

图 5-6 石炭—二叠系气藏剖面图(十里加汗地区-左)

4.什股壕地区

统计结果表明(图 5-7),杭锦旗东北部什股壕地区盒一段高产气井不多,只有伊深 1 井、伊 17 井、锦 82 井日产气量分别达 11 687m³、13 674m³、29 216m³,综合评价为工业气层,其余井均为产水较多的含水气层(如锦 42 井)甚至纯水层(如锦 35 井)。总体上,区内盒一段含气性差,气层分散,反而水层具有较好的连续性,可能是由于区内盒一段砂岩储层物性较好,天然气分布主要受局部构造控制所致。

纵向上(图 5-8),该区主要有纯气层、含水气层和纯水层,且天然气在上倾方向富集,盒一段上部和盒二、盒三段为主要聚集层段,底部的山西组以水层或含气水层为主。纵向气水分布呈上气下水的正常气水关系。

综上所述,杭锦旗地区盒一段平面气水分布差异性明显:独贵加汗地区断裂转换带是天然气的富集区,其气层产量高,连续性好;新召和十里加汗地区都具有气水同产的特点,工业气层、含气水层均有,但连续性较差;什股壕地区气层分散,而水层连续。

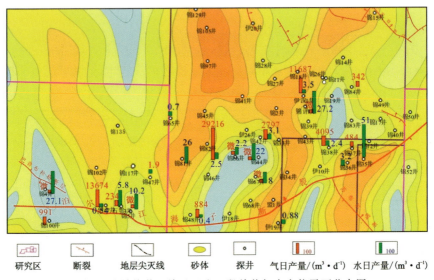

图 5-7 杭锦旗什股壕地区盒一段单井气水产能平面分布图

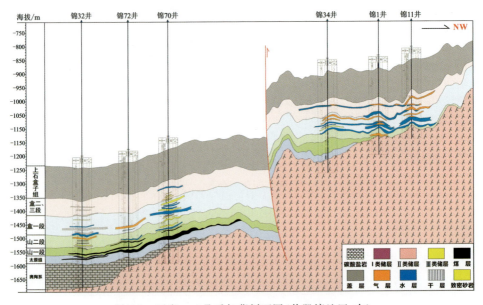

图 5-8 石炭—二叠系气藏剖面图(什股壕地区-右)

第二节 地层水地球化学特征

地层水是沉积地层形成过程中残留在地层孔隙中的含有一定离子浓度的水,同石油与天然气经历了不同地质阶段的演化,其离子成分与浓度、水型等反应了其与周围岩石、流体的综合作用过程与结果。地层水与油气相伴生,因而,研究地层水的特点与分布规律可以为油气勘探与开发提供科学依据。

本节内容中地层水地球化学特征研究的主要参数包括地层水水型与矿化度、离子组成以及地层水化学特征等。

一、水型与矿化度

地层水在漫长的盆地演化过程中,经过流体-岩石、流体流动及其混合等各种水文地质作用,其矿化度可能因层位、构造位置的不同而发生较大变化,也可能会发生水型更替或者水化学分带,这些变化能在一定程度上反映油气藏的保存条件或者改造情况。地层水的分类方案有很多,其中苏联地球化学家苏林的分类方案较为简明,应用最为广泛。本节即采用苏林分类方案对杭锦旗地区地层水进行分类。

77口单井107个水样统计分析表明,杭锦旗地区盒一段气藏产出地层水的Na^+/Cl^-值主要在0.2~0.8之间,$(Cl^- - Na^+)/Mg^{2+}$值多大于10,揭示其地层水类型以氯化钙型为主。更进一步地,根据博雅尔斯基对苏林分类法中氯化钙型地层水的细分方法(表5-3),杭锦旗地区盒一段氯化钙型地层水的Na^+/Cl^-值多小于0.65(图5-9),属于保存条件最好的IV类和V类水,说明杭锦旗地区盒一段气藏的保存条件总体较好。

表5-3　博雅尔斯基对苏林分类法中氯化钙型地层水的细分类(据刘栋,2016)

类型	Na^+/Cl^-系数	石油地质意义
I	>0.85	水的运动速度相当大的水动力活跃带的特点,这个地带保存条件差,保存油气藏的前景不大
II	0.75~0.85	具有沉积盆地的积极水动力带和较稳定的静水带之间过渡带的特点,一般认为是烃类保存较差地带
III	0.65~0.75	水动力条件平缓,有利于保存油气,认为是保存烃类较好的有利环境
IV	0.50~0.65	具有烃类聚集与外界隔绝,并且有残余水存在的特点,是保存烃类的有利地带
V	<0.5	具有古代残余海水存在的特点,在溶解固体的浓度和溶解组分的比率上,在原始沉积时就高度变质。这是烃类聚集最有希望的区域。需具备的附加条件:①碘化物>1mg/L;②溴化物>300mg/L;③Cl^-/Br^-<350;④$100 \times SO_4^{2-}/Cl^-$<1

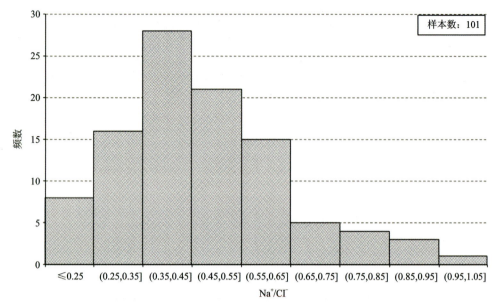

图 5-9 杭锦旗地区盒一段氯化钙型地层水 Na^+/Cl^- 值频数分布直方图

统计结果表明,杭锦旗地区盒一段地层水总矿化度跨度较大,介于 2.79~182.5g/L 之间,主体集中在 15~95g/L 区间内,平均值 44.89g/L,明显高于地表水矿化度(0.1g/L),大多数样品也高于现今海水的总矿化度(35g/L),属于高度变质的地层水。

垂向上,杭锦旗地区盒一段地层水矿化度总体具有随埋藏深度增加而逐渐增大的特征(图 5-10)。但是,研究区内埋深相差明显的新召、独贵加汗、十里加汗和什股壕 4 个区带的地层水矿化度分布区间却基本一致,主体均分布在 30~90g/L 区间内,说明区内水体垂向连通性好,这可能与区内密集的断裂发育有关。

平面上,盒一段地层水矿化度的横向变化规律不显著,主要表现为局部高值与局部低值交替出现,表明该区水体环境封闭,横向连通性差,基本没有层内的水体流通(图 5-11),这可能与区内砂体展布状况有关:盒一段河道砂体主要呈南北向展布,东西向之间连通性差;南北向砂体虽然可以连片发育,但是由于储层物性的非均质性强,致密区与甜点区变化快,不易形成有效的沟通。同时,矿化度的局部高值区,如锦 12、锦 66、锦 5、锦 99、锦 109、锦 31 和锦 59 井区,主要展布在泊尔江海子断裂、乌兰吉林庙断裂和三眼井断裂附近,说明高矿化度特征受断裂影响明显,指示着研究区盒一段高矿化度地层水可能是断裂带附近流体活动活跃、深部高矿化度地层水与盒一段地层水混合所致。

二、离子组成

杭锦旗地区盒一段地层水中阳离子以 $Na^+ + K^+$、Ca^{2+} 和

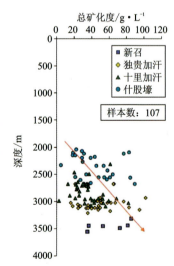

图5-10 杭锦旗地区盒一段地层水矿化度垂向分布特征

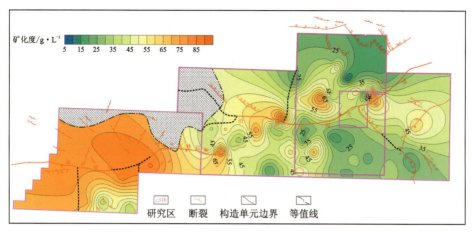

图 5-11 杭锦旗地区盒一段地层水矿化度平面分布特征

Mg^{2+}为主,并以Na^+和Ca^{2+}占主导,此外还有少量NH_4^+、Li^+和Sr^{2+};阴离子以Cl^-、HCO_3^-和SO_4^{2-}为主,并以Cl^-占绝对优势,此外还有少量F^-和Br^-(图 5-12)。

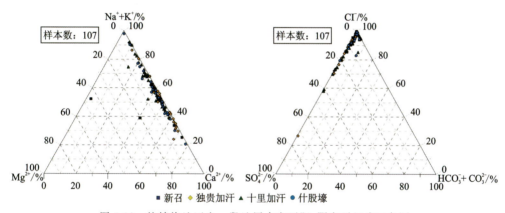

图 5-12 杭锦旗地区盒一段地层水主要阳、阴离子组成三角图

一般地,在相对封闭的水体环境中,随演化程度加深,由于黏土矿物的形成与吸附以及白云石化等作用,地层水中会出现Ca^{2+}富集而Mg^{2+}减少的现象。一般认为(刘栋,2016),油田水的Mg^{2+}浓度均低于0.5g/L,平均值在0.05~0.3g/L之间。但是,从杭锦旗地区主要阳离子三角图(图 5-12)发现,部分地层水样本中出现"富Mg^{2+}贫Ca^{2+}"的情况。统计表明,研究区盒一段地层水Mg^{2+}浓度在0.02~5.97g/L之间,平均值为0.45g/L,且各区带均有高Mg^{2+}地层水样本(图 5-13a),揭示了深部高Mg^{2+}流体对本区盒一段地层水的影响。同时,Mg^{2+}浓度与总矿化度有一定的正相关性,说明本区盒一段高Mg^{2+}浓度的现象应与高矿化度地层水成因有一定联系。

研究区盒一段地层水总矿化度与各主要离子浓度密切相关,主要表现为与Na^++K^+、Ca^{2+}和Cl^-正相关性好(图 5-13b~d),其中尤与Cl^-相关性最高,相关系数达到0.97。

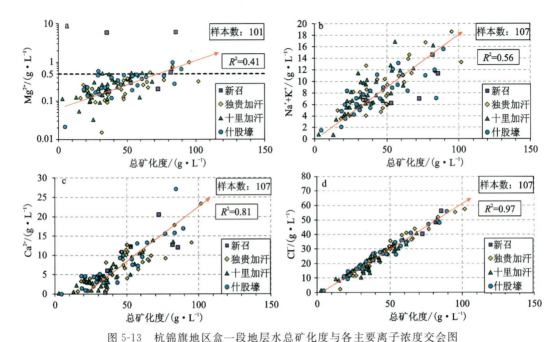

图 5-13 杭锦旗地区盒一段地层水总矿化度与各主要离子浓度交会图

a.总矿化度与 Mg^{2+} 浓度；b.总矿化度与 $Na^+ + K^+$ 浓度；c.总矿化度与 Ca^{2+} 浓度；d.总矿化度与 Ca^{2+} 浓度

三、水化学特征参数

相比于地层水的矿化度和水型,地层水化学特征参数更具继承性,能更好地反映地下水文地质条件和水体封闭性。同时,这些参数与油气的运聚与保存也有一定联系,所以经常被用来研究油气藏的保存条件。常用的参数有钠氯系数(Na^+/Cl^-)、镁钙系数(Mg^{2+}/Ca^{2+})、碱交换指数(IBE)、变质系数[$(Cl^- - Na^+)/Mg^{2+}$、Cl^-/Ca^{2+}、Cl^-/Mg^{2+}]、脱硫系数[$SO_4^{2-}/(Cl^- - SO_4^{2-})$]和碳酸盐平衡系数[$(HCO_3^- + HCO_3^{2-})/Ca^{2+}$]。

1.钠氯系数(Na^+/Cl^-)

钠氯系数是表征地层水浓缩、变质程度的重要指标。由于 Cl^- 化学性质稳定,Na^+ 与之相比则较差,所以在地层水的埋藏演化过程中,Na^+ 易受到吸附、沉淀等而导致含量降低,而 Cl^- 含量却基本不变,即在整个埋藏过程中钠氯系数趋于降低。钠氯系数越小,说明受渗入水的影响越小,地层水的封闭性越好。若钠氯系数大于 0.75,则认为有外部淡水混入,对油气的保存不利。统计表明(图 5-14),本区盒一段地层水钠氯系数分布在 0.1~2.9 之间,平均值为 0.52,其中大部分都处于 0.75 以下,属于博雅尔斯基分类中的Ⅲ~Ⅴ型水,为烃类保存的有利环境。其中还有部分样品的钠氯系数大于 0.75,但其对应的矿化度在 4.6~35g/L 之间,低于现今海水矿化度(35g/L)或与其相当,为低矿化度地层水,属于淡化地层水或者凝析水,不属于正常地层水范畴。

2.镁钙系数(Mg^{2+}/Ca^{2+})

前文提到,随着地层水的演化,Mg^{2+} 含量逐渐降低,而 Ca^{2+} 含量逐渐增加。此外,钙镁系数还能指示含气区的存在。一般认为(崔明明,2018),含气区的镁钙系数一般小于0.3。统计表明,本区盒一段地层水的镁钙系数分布在0.1~23.7之间,除去极高的异常值(如锦30井样品的镁钙系数高达23.7)后平均值只有0.12。从数据的分布来看,绝大部分样品的镁钙系数都小于0.3,指示该区盒一段为有利的天然气聚集区(层段)(图5-15)。

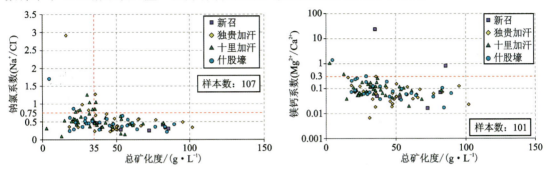

图5-14　杭锦旗地区盒一段地层水钠氯系数分布图　　图5-15　杭锦旗地区盒一段地层水镁钙系数分布图

3. 碱交换指数(IBE)

碱交换指数(IBE)是用来表征水中阳离子与岩石颗粒表面吸附阳离子的交换程度,计算公式为 IBE=[Cl^-－(Na^+＋K^+)]/Cl^-。研究表明(王继平,2014),若 IBE>0.129,则指示地层水来自古沉积的油田水,可能含油气;当油田中有渗入水时,则 IBE<0.129;若为负值,则一般不含油气。统计表明,本区盒一段地层水碱交换指数处于－2.02~0.88之间,平均值0.44。从数据分布来看,绝大部分样品的碱交换指数大于0.129,指示该区盒一段地层水具有油气田水的化学特点(图5-16)。

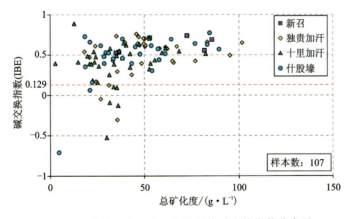

图5-16　杭锦旗地区盒一段地层水碱交换指数分布图

4. 变质系数[(Cl^-－Na^+)/Mg^{2+}、Cl^-/Ca^{2+}、Cl^-/Mg^{2+}]

变质系数是用来表征地层水在成岩过程中的离子交换程度和水岩作用强度。研究表明(刘栋,2016),对于与油气藏伴生的地层水,(Cl^-－Na^+)/Mg^{2+}一般大于1,Cl^-/Ca^{2+}一般小于 26.8,Cl^-/Mg^{2+} 一般大于 5.13;同时,根据变质系数的取值区间,可以初步判断地层水水体环境的封闭性。统计结果表明,杭锦旗地区盒一段地层水变质系数[$(Cl^- - Na^+)/Mg^{2+}$]在 −15.74～62.93 之间,平均值 17.51;变质系数(Cl^-/Ca^{2+})在 1～31.02 之间,平均值 3.16;变质系数(Cl^-/Mg^{2+})在 1.27～307.96 之间,平均值 37.17。从数据分布来看,绝大多数样品的数值指示该区盒一段地层水与地表环境隔绝,水体封闭性好(图 5-17)。

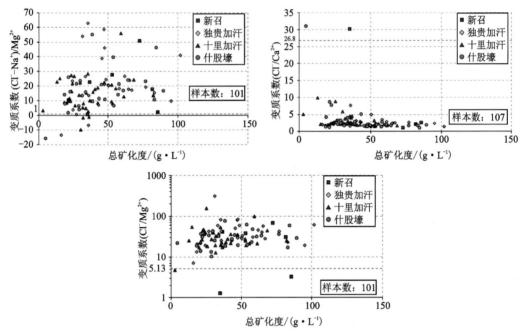

图 5-17　杭锦旗地区盒一段地层水变质系数($Cl^- - Na^+$)/Mg^{2+}、Cl^-/Ca^{2+} 及 Cl^-/Mg^{2+} 分布图

5. 脱硫系数[$SO_4^{2-}/(Cl^- - SO_4^{2-})$]

由于脱硫细菌活动和各类硫酸盐沉淀物的析出会导致 SO_4^{2-} 逐渐降低,SO_4^{2-} 一般随着埋深的增加而降低。因此,脱硫系数可以用来表征脱硫还原反应进行的程度。封闭埋藏环境是脱硫反应进行的有利场所,脱硫系数越小,则地层封闭性越好。统计结果表明(图 5-18),本区盒一段地层水脱硫系数介于 0～1.1 之间,平均值 0.05。从数据分布来看,多数样品脱硫系数小于 0.4,指示本区气藏地层水为封闭性氯化钙型水体。

6. 碳酸盐平衡系数[$(HCO_3^- + HCO_3^{2-})/Ca^{2+}$]

地层水碳酸盐平衡系数也可以用来表征油气藏的保存条件,其值越小,说明地层水越靠近油气藏,相应的指示保存条件也越好。研究表明(薛会,2007),只有当碳酸盐平衡系数小于 0.2 时,地层水体环境才利于油气的保存。统计表明(图 5-19),本区盒一段地层水的碳酸盐平衡系数介于 0.000 2～1.83 之间,平均值仅 0.038。从数据分布来看,绝大部分地层水样品的碳酸盐平衡系数都小于 0.2,指示该区盒一段气藏具有良好的保存条件。

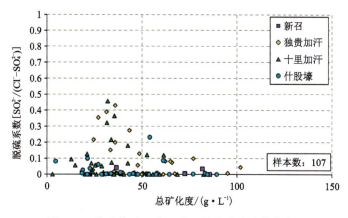

图 5-18　杭锦旗地区盒一段地层水脱硫系数分布图

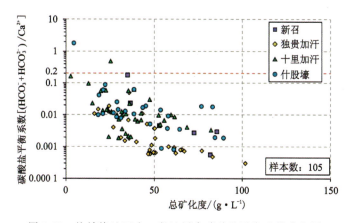

图 5-19　杭锦旗地区盒一段地层水碳酸盐平衡系数分布图

综上所述，杭锦旗地区盒一段具有利于油气聚集和保存的地层水化学环境，但同时受河道砂体展布、储层非均质性等因素制约，水体间横向连通性较差，进而导致本区气藏气水关系复杂。

第三节　不同级别储层气水赋存机理

依据前述杭锦旗地区储层分类方案，本节主要通过气水层类型判识，在新召、独贵加汗和十里加汗3个致密气成藏区带选取代表井，开展纵向不同类型储层充注动力-阻力差（净动力）与气水层类型的相关性分析，初步总结了不同级别储层的气水赋存机理。需要指出的是，通过大量统计发现，本区储层充注动力均高于充注门槛阻力，因此，对于净动力的定义均为充注动力与中值阻力的差值。本次以盒一段为例，研究揭示，单井充注净动力对杭锦旗地区盒一段不同级别储层气水赋存状态的控制主要体现在以下两个方面：①储层级别相同、物性相近时，气水层类型变化主要受控于充注动力；②对于不同级别储层而言，气水层类型变化主要受控于充注动力-阻力差（净动力）。

一、充注动力对于相同级别储层气水类型的控制作用

如前所述,本区致密砂岩充注阻力的大小主要决定于储层物性的好坏,当物性相同时,可以认为充注阻力相同。显然,储层级别相同、物性相近时,气水层类型变化主要受控于充注动力。

对比分析杭锦旗地区同一区带不同单井盒一段储层含气饱和度与渗透率之间的相关关系(图 5-20),当渗透率(物性)相同时,充注动力更大的井的储层含气饱和度更高,如西南部新召地区锦 59 井与锦 62 井(图 5-20a):两井区太原组—山西组煤系源岩的有机质丰度与类型相近,但锦 62 井源岩的埋深更大,成熟度更高,生烃作用更强,即充注动力更大,而相应的,在相同渗透率时,锦 62 井盒一段储层的含气饱和度高于锦 59 井,同时锦 62 井盒一段储层的最大含气饱和度也更高;再如中部独贵加汗区锦 57 井与锦 58 井(图 5-20b):锦 57 井的充注动力较锦 58 井高,而相应的,锦 57 井盒一段储层的含气性也更好,其最大含气饱和度也更高。东部十里加汗锦 56 井与什股壕区锦 43 井的这种特征表现得更为明显(图 5-20c):锦 56 井位于十里加汗南部,其烃源岩条件好,成熟度高,生烃作用强;而什股壕地区锦 43 井的自身烃源岩条件差,生烃作用弱,充注动力小,两种反差极大的充注动力条件导致了两口井间盒一段储层的含气性的差异明显。

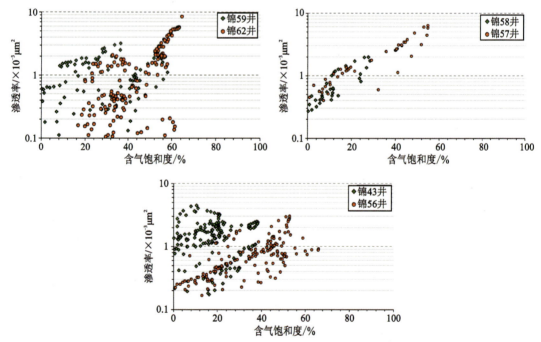

图 5-20 杭锦旗地区同一区带不同单井盒一段含气饱和度与渗透率对比
a. 新召地区锦 59 井与锦 62 井;b. 独贵加汗地区锦 57 井与锦 58 井;c. 十里加汗地区锦 56 井与什股壕地区锦 43 井

二、净动力对于不同级别储层气水类型的控制作用

已有勘探研究成果表明(表 5-4、表 5-5),以三眼井-泊尔江海子断裂为界,整个杭锦旗南

部主体为致密-低渗砂岩发育区,新召、独贵加汗和十里加汗3个区盒一段致密-低渗砂岩储层中气水类型复杂,气水分异较弱,对比分析代表井盒一段不同级别储层充注动力-阻力差(净动力)与气水层类型之间的关系发现,不同级别储层气水类型均受控于充注动力-阻力差(净动力);泊尔江海子断裂以北为构造及构造-岩性复合圈闭区,主体为常规-低渗砂岩分布,充注动力-阻力差(净动力)不是主要的控制因素,浮力对于气水类型的控制更为重要。下面分别选取各区代表井,对比净动力对于不同级别储层的气水类型的控制,结合不同成藏区带储层分级剖面与气水分布剖面对比分析,总结杭锦旗地区气水赋存机理。

表5-4 杭锦旗代表井不同储层气水类型与净动力相关性统计表

层位	气水类型样本数/个	吻合层数量/个	吻合率/%
盒二、盒三段	17	10	59.00
盒一段	44	38	86.40
山二段	19	17	89.50
山一段	1	1	100.00
合计	81	66	81.50

表5-5 杭锦旗代表井气水类型与净动力相关性统计表

气水类型	气水类型样本数/个	吻合层数量/个	吻合率/%
气层	22	20	91.00
气水同层	12	11	91.70
含气水层	23	20	87.10
水层	23	14	60.90
干层	1	1	100.00
合计	81	66	81.50

1. 西南部新召地区

以锦62井为例(图5-21、图5-22),该井在盒一段有射孔试气,射孔层段3449～3452m,射孔段日产气量1793m^3,日产水0.98m^3,综合评价为气水同层。测井解释显示,该井含气层段主要在盒一段下部的大段砂体内,以气水同层、含气层为主,也有部分干层。含气层段上部为大段泥岩,封堵条件优越。同时,该段砂体垂向非均质性明显,孔隙度、渗透率变化快,各类储层叠置。对比储层中值压力与泥岩过剩(剩余)压力发现,当泥岩剩余压力大于储层中值压力时,储层含气性好,能达到气水同层;当泥岩剩余压力小于储层中值压力但大于储层排替压力时,储层有少量气显示,但未发生气富集,显示为含气层;而当泥岩剩余压力小于排替压力时,显示为干层。

2. 中部独贵加汗地区

以锦110井为例(图5-23),该井在盒一段有射孔试气,射孔层段3012～3026m,射孔段日产气量为35 690m³,日产水2.4m³,综合评价为工业气层。测井解释显示,该井含气层段也主要位于盒一段下部的大段砂体内,有纯气层,但仍以气水同层、含气层为主,也有部分干层。含气层段上部为大段泥岩,可以提供很好的封堵条件。同样,该段砂体垂向非均质性明显,孔隙度、渗透率变化快,各类储层叠置。对比分析储层中值压力与泥岩剩余压力揭示,当泥岩剩余压力大于储层中值压力时,储层含气性好,能达到纯气层或者气水同层;而当泥岩剩余压力小于储层中值压力但大于储层排替压力时,储层能有少量气显示,但达不到富集条件,显示为含气层;而当剩余压力小于排替压力时,未发生天然气充注过程,显示为干层。

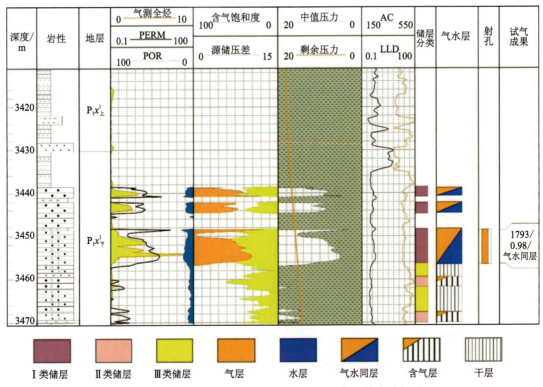

图 5-21　杭锦旗新召地区锦 62 井盒一段含气性综合分析图

3. 东南部十里加汗区

以锦72井为例(图5-24),该井在盒一段有射孔试气,射孔层段2932～2938m,射孔段日产气量11 220m³,日产水2.2m³,综合评价为工业气层。测井解释显示,该井含气层段也主要位于盒一段下部的大段砂体内,以纯气层为主,也有气水同层、含气层和干层,但与新召、独贵加汗地区不同的是,该区产层段较薄,上部为大段物性差、阻力大的砂岩,可以形成有效封堵。同样,十里加汗区砂体垂向非均质性明显,孔隙度、渗透率变化快,各类储层叠置。对比分析储层中值压力与泥岩剩余压力揭示,当泥岩剩余压力大于储层中值压力时,储层含气性好,为纯气层或气水同层;而当泥岩剩余压力小于储层中值压力但大于储层排替压力时,为含气层;当泥岩剩余压力小于排替压力时,为干层。

第五章 气水赋存机理

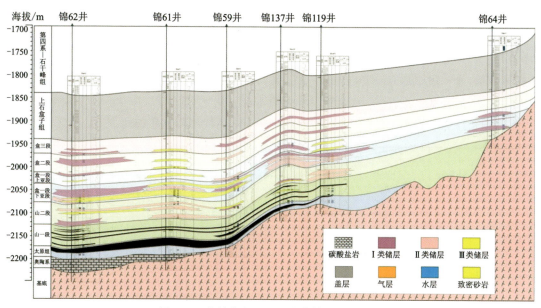

图 5-22 杭锦旗新召地区连井储层分级剖面

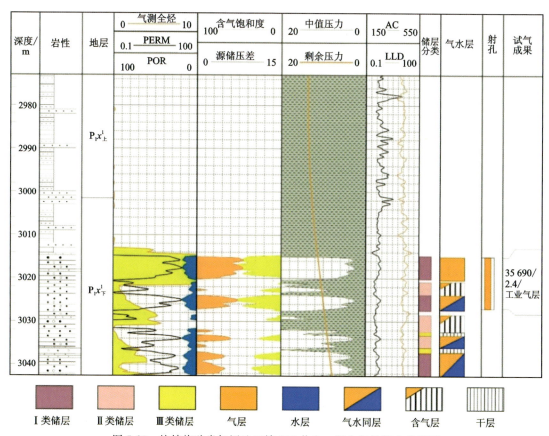

图 5-23 杭锦旗独贵加汗地区锦 110 井盒一段含气性综合分析图

4. 东北部什股壕地区

以锦 11 井为例(图 5-25),该井在盒一段没有射孔试气,其产层段位于盒二、盒三段。测井解释显示,盒一段中部有一套纯气层,其上为一大套泥岩,可以提供良好的封堵条件;其下为大段砂岩,但是基本不含气,为含气层和大段水层。对比分析储层中值压力与泥岩剩余压力,泥岩剩余压力一直小于储层中值压力,即使在上部纯气层段也是如此。

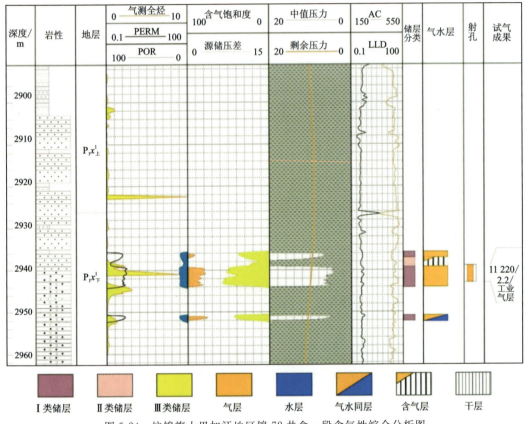

图 5-24　杭锦旗十里加汗地区锦 72 井盒一段含气性综合分析图

总体上,什股壕地区盒一段储层物性好,其上部被泥岩封堵,垂向气水分异明显,具明显的上气下水的常规气藏特点;同时,该区上部的盒二、盒三段含气性也较好,表明其垂向连通性好,天然气更易于在构造高部位聚集。因此,什股壕地区以常规气藏为主,充注净动力对该区含气性影响不大,天然气主要受浮力驱动,在上倾方向有利圈闭内聚集成藏。

此外,本次统计完成了 34 口探井的上古生界山西组和盒二、盒三段的气水类型与净动力的相关性分析,研究显示总体上气水类型主要受控于该层段的净动力值大小,吻合率达 81.5%,其中除盒二、盒三段以及水层的吻合率较低外,其余层系和气水类型统计吻合率皆高于 85%,显示较高的相关性。进一步分析盒二、盒三段以及水层的统计数据发现,此部分样本主要来源于杭锦旗北部什股壕区,其充注动力-阻力差值与含气性相关度低(构造圈闭-浮力主控),说明杭锦旗地区南部致密-低渗岩性气藏发育区气水类型主要受控于净动力因素。

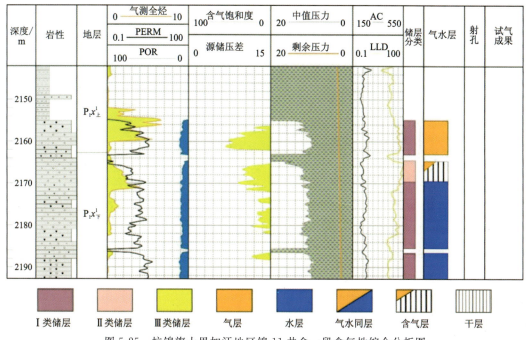

图 5-25 杭锦旗十里加汗地区锦 11 井盒一段含气性综合分析图

综上所述,杭锦旗南部致密-低渗岩性气藏发育区与北部常规-低渗构造气藏发育区不同级别储层气水赋存机理具有显著差异性。杭锦旗北部常规-低渗构造气藏发育区内充注净动力对该区含气性影响不大,天然气主要受浮力驱动,在上倾方向有利圈闭内聚集成藏。杭锦旗南部致密-低渗岩性气藏发育区不同级别储层气水赋存机理较为复杂,大致可总结为:①就Ⅰ类储层而言,由于物性条件最好,无论充注门槛阻力还是中值阻力均较低,当充注动力高于中值阻力时,往往对应于气层或气水同层且产能较高,当充注动力低于中值阻力时,多为水层,亦可见少量气水同层实例;②就Ⅲ类储层而言,由于物性条件最差,中值阻力较高,充注动力多低于中值阻力,以干层为主要类型;③就Ⅱ类储层而言,物性条件介于Ⅰ类与Ⅲ类储层之间,当充注动力高于中值阻力时,往往对应于含气层,反之则多为含水层。

第六章 天然气成藏富集规律及模式

现有勘探及研究证实,杭锦旗地区位于鄂尔多斯盆地北缘过渡区(孙晓等,2016),气藏类型多样且气水类型复杂,各区带内不同类型气藏分布差异性明显,烃源、储层、保存、圈闭条件及充注动力与阻力等条件亦有较大变化,导致此类盆缘过渡带内不同类型气藏天然气成藏主控因素,成藏模式及富集规律各异(李良等,2000;张杰等,2009;彭清泉,2012;齐荣,2016;刘俊佐等,2020)。本章通过盆缘过渡带不同区带天然气成藏地质要素特征、关键时刻储层致密化特征及成藏动力学条件综合对比分析,建立成藏模式,总结盆缘过渡带天然气差异性富集的机理。

第一节 不同类型气藏分布及评价

一、上古生界气藏类型划分方案

杭锦旗地区上古生界气藏类型划分除参考天然气地质学的常规划分方案,将气藏划分为构造气藏、岩性(地层)气藏及构造-岩性(地层)复合气藏外,在讨论气藏类型时还考虑了以下3点:①储层物性分级,如常规-低渗-致密;②成藏关键时刻储层致密化程度差异,如先致密后成藏型、边致密边成藏型及未致密先成藏型;③净动力平面展布特征(图6-1),如高净动力(>7MPa)、中净动力(4~7MPa)、低净动力(<4MPa)。

本次上古生界气藏类型分布参考了华北石油管理局2018年的最新方案,即"三层四带"的圈闭类型分布认识。结合上述对于气藏类型的命名方案,强调天然气成藏动力学过程和条件。

二、上古生界气藏类型分布特征

总体来看,杭锦旗地区平面上从西南至北东向可划分为4个气藏带(图6-1),分别是新召源内先致密高净动力致密岩性气藏带、独贵加汗源内先致密高净动力致密-低渗地层-岩性气藏带、十里加汗源内近致密中—高净动力低渗岩性气藏带、什股壕源侧未致密低净动力常规-低渗构造-岩性气藏带。整体上表现为构造的控制作用逐渐增强,由岩性气藏为主过渡为构造气藏为主。

纵向上,从下到上岩性的控制作用逐渐增加,由构造气藏为主过渡为岩性气藏为主,但不同层系气藏类型平面展布有所差异。就下部山西组—太原组而言(图6-2),总体含水特征明显,主要发育构造-岩性复合气藏,其中新召为致密岩性气藏区,独贵加汗主要为低渗构造-岩性气藏区,十里加汗主要为低渗岩性气藏区,什股壕为常规-低渗构造气藏区。

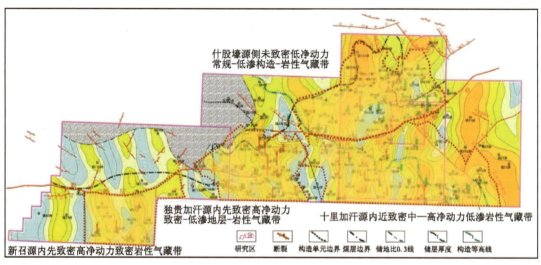

图 6-1 杭锦旗地区不同类型气藏平面分区图

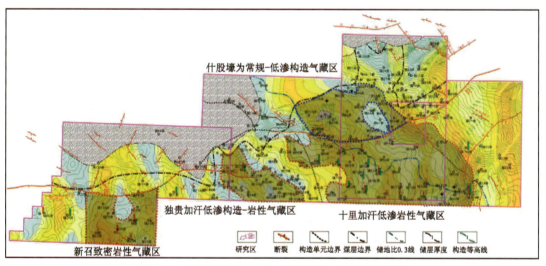

图 6-2 杭锦旗地区山二段不同类型气藏平面分区图

就中部盒一段而言(图6-3),总体表现为砂体叠置发育,大面积含气,天然气富集程度差异明显,其中新召为致密岩性气藏区,独贵加汗主要为低渗地层-岩性气藏区,十里加汗为低渗构造-岩性气藏区,什股壕为常规-低渗构造+岩性气藏区;就上部盒二、盒三段而言(图6-4),总体上表现为河道发育但规模小,相变快,以岩性气藏为主,其中新召主要为致密岩性气藏区,独贵加汗为低渗地层-岩性气藏区,十里加汗为低渗岩性气藏区,什股壕为常规构造-岩性气藏区。

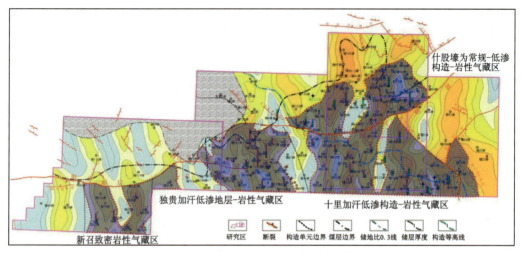

图 6-3　杭锦旗地区盒二段不同类型气藏平面分区图

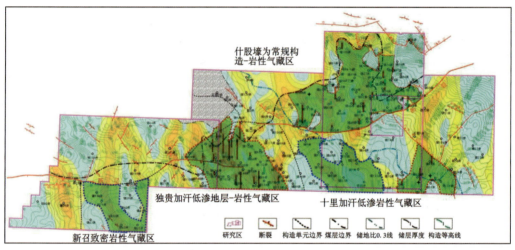

图 6-4　杭锦旗地区盒三段不同类型气藏平面分区图

三、不同类型气藏评价思路与方法

据上述上古生界气藏类型分布研究成果,以三眼井-泊尔江海子断裂为界,泊尔江海子断裂以北为常规-低渗构造及构造-岩性复合气藏区,充注动力-阻力差(净动力)不是主要的控制因素,浮力对于气藏富集的控制更为重要,因此,针对什股壕区常规-低渗天然气藏而言,构造圈闭精细描述及构造高点确定、构造圈闭与有利储层发育对比分析、油气运移路径预测应当是研究的主要着眼点。

相较而言,断裂以南地区主体为致密-低渗岩性及构造-岩性复合气藏区,前人研究认为,杭锦旗地区天然气富集受生烃强度、异常压力(超压)、储层物性和局部构造等因素的控制。实际上,生烃强度和超压的作用主要体现在充注动力(驱动力)上,而储层物性的好坏决定了充注阻力的大小,因此杭锦旗南部气藏评价应在有利储层发育及分布预测基础上,重点分析成藏关键时刻的不同储层的充注动力-阻力差(净动力)分布特征,此外,岩性气藏上倾方向封闭条件亦为评价的重点之一。

第二节 天然气差异成藏富集主控因素与规律

前人研究认为,杭锦旗地区天然气富集受生烃强度、异常压力(超压)、储层物性和局部构造等因素的控制(张凤奇等,2012)。实际上,生烃强度和超压的作用主要体现在充注动力(驱动力)上,而储层物性的好坏决定了充注阻力的大小;局部构造仅对地处泊尔江海子断裂北部的什股壕区常规天然气藏的分布与富集有重要的控制作用,而对断裂南部广大地区致密砂岩气藏的分布与富集影响较小。因此,关于盆缘过渡带天然气差异性富集机理的相关分析仅针对杭锦旗南部源内成藏区而言,研究认为,杭锦旗地区致密砂岩气藏差异富集的根本性因素是天然气充注动力与充注阻力之间的差值,即充注净动力。

为了定量评价充注净动力对于盆缘过渡带天然气差异富集的控制作用,探寻是否存在不同级别储层天然气富集的净动力门槛,本次系统开展了不同级别储层净动力与产能的对比分析。综合考虑充注动力与阻力平面分布,可得到杭锦旗地区盒一段储层成藏关键时刻充注净动力的平面分布(图6-5)。根据研究区实际产气情况,本次研究定义净动力>7MPa为高净动力,7MPa<净动力<4MPa为中净动力,净动力<4MPa为低净动力。显然,杭锦旗西南部新召为高动力-高阻力背景下的高净动力区,其中,主河道内砂体物性好,阻力小,为高净动力区(12~18MPa);而河道间物性差,阻力大,净动力较低(<7MPa)。独贵加汗主要为中高动力-低阻力背景下的高净动力区,主体净动力为10~14MPa,在东南部及乌兰吉林庙断裂附近的河漫滩净动力较低(<7MPa)。十里加汗为中动力-低阻力背景下的中—高净动力区,主体净动力为4~10MPa。什股壕则是低动力-低阻力背景下的低净动力区。

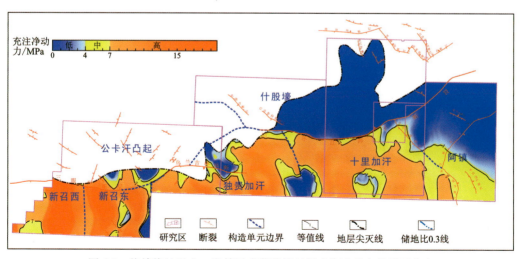

图6-5 杭锦旗地区盒一段储层成藏关键时刻充注净动力的平面分布

研究表明,平面充注净动力对杭锦旗地区南部源内成藏区盒一段致密砂岩储层天然气差异富集主要体现在以下两个方面。

一、高净动力是致密-低渗储层天然气富集的必要条件

无论是从杭锦旗地区盒一段现今天然气富集因素分析（图6-6），还是杭锦旗地区盒一段储层产能与净动力的相关性定量分析（图6-7），研究结果皆显示净动力与产能呈正相关，即充注净动力越大的区域一般含气性越好，产能越高。以日产气5000 m³作为天然气富集标准，只有当净动力＞7MPa时，储层才有可能形成天然气富集；而当净动力＜7MPa时，则天然气难以富集，即净动力＞7MPa是杭锦旗地区盒一段储层天然气富集的必要条件。

进一步地，将杭锦旗地区盒一段储层按孔隙度分级后再与产能进行相关性分析：孔隙度＜10％为致密储层；10％≤孔隙度≤12％为低渗储层；孔隙度＞12％为常规储层。结果表明（图6-7），同一级别储层的产能与充注净动力相关性更好，并且，相较于常规储层，致密-低渗储层对于天然气富集的要求更高，充注净动力需＞8MPa。因此，高净动力是天然气富集的必要条件，且相较于常规储层，致密-低渗储层对于天然气富集的净动力要求更高。

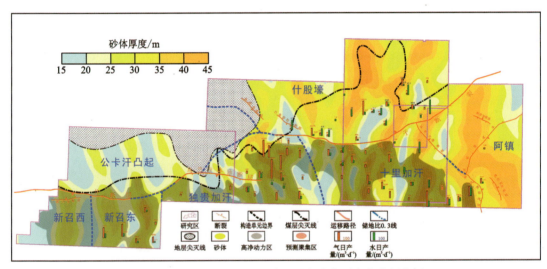

图6-6　杭锦旗地区盒一段现今天然气富集因素综合评价图

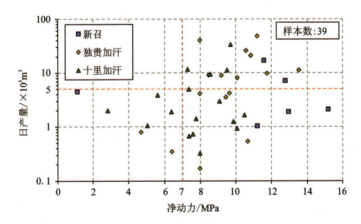

图6-7　杭锦旗地区盒一段储层产能与净动力相关性散点图

二、高净动力背景和良好封堵条件是天然气差异富集关键因素

统计结果表明(图6-8),对于杭锦旗地区盒一段致密和低渗储层,当净动力>8MPa时,仍有部分井未能形成天然气富集。究其原因,认为更大充注净动力对上倾方向保存条件提出了更高的要求:当致密砂岩储层内的天然气积累到一定量后,高充注净动力可能会突破上倾方向盖层的封堵,然后与常规气藏类似,沿优势运移通道继续向上倾方向运移,并在合适的圈闭内聚集成藏。以独贵加汗区锦107井与锦58井为例。锦107与锦58井充注净动力分别为9.44MPa和10.67MPa,满足天然气富集的净动力条件,但是单井日产气量只有3518m³和535m³。独贵加汗地区盒一段顶面天然气运移路径(图6-9、图6-10)显示,锦107和锦58井处于优势运移路径,在高净动力作用下,该井区聚集的天然气易向上倾方向运移,导致其天然气产能较低。另一方面,在独贵加汗断裂转换带上倾方向,盒一段地层尖灭,封堵条件好,是有利的天然气聚集区。所以,独贵加汗断裂转换带天然气连片富集是优秀的源储组合提供的高净动力和上倾方向良好的封堵条件共同作用的结果。

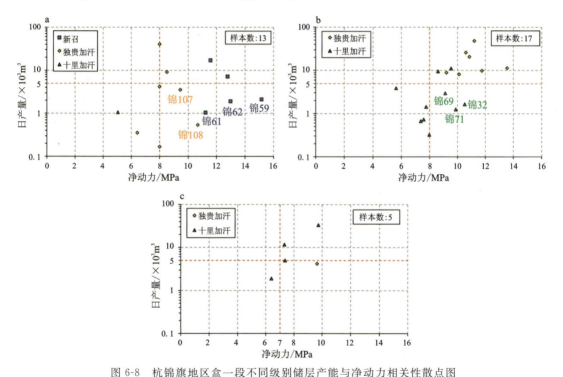

图6-8 杭锦旗地区盒一段不同级别储层产能与净动力相关性散点图

a.致密储层(孔隙度<10%);b.低渗储层(10%≤孔隙度≤12%);c.常规储层(孔隙度>12%)

同样地,新召区致密砂岩储层的锦61—锦62—锦59井区,以及十里加汗区低渗储层的锦69—锦71—锦32井区,在相同的高充注动力背景下,由于上倾方向的封堵条件差异导致储层含气性差异。

综上所述,杭锦旗地区南部的新召、独贵加汗和十里加汗地区盒一段储层的天然气富集是由高净动力背景和良好封堵条件共同控制的。其中,高净动力是天然气富集的必要条件,

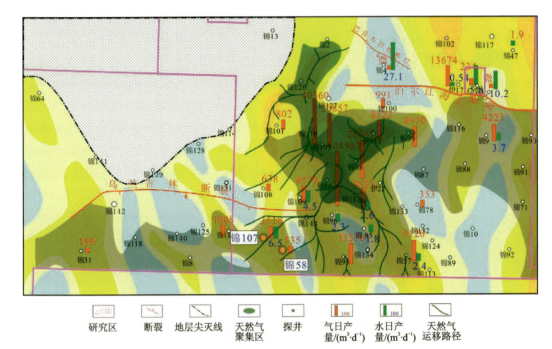

图 6-9 独贵加汗地区盒一段顶面天然气运移路径模拟示踪图

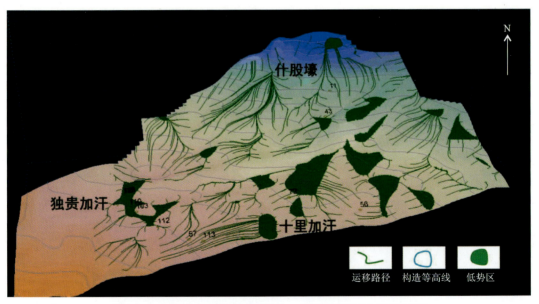

图 6-10 杭锦旗中东部关键时刻盒一段顶面天然气运移流线图

且只有净动力>7MPa 的区域,储层才有可能形成天然气富集。

同样地,通过对杭锦旗地区盒二、盒三段储层产能与净动力的分析,结果表明,针对杭锦旗地区南部的新召、独贵加汗和十里加汗地区盒二、盒三段储层,只有净动力>4MPa 的区域,储层才有可能形成天然气富集。

第三节 天然气成藏富集模式

一、新召地区成藏模式

新召地区地处杭锦旗地区西南部、三眼井断裂南部,位于全区的构造低部位,其整体构造平缓。区内烃源岩条件优越,太原组—山西组煤系烃源岩厚度为10~16m,埋深3500~3600m,镜质体反射率(R_o)为1.5%~1.8%(图6-11),具备自源供烃的条件,处于高充注动力背景。

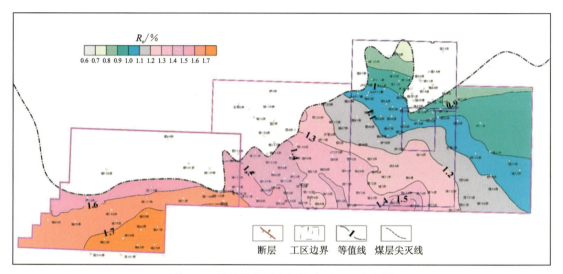

图6-11 杭锦旗地区太原组底面(R_o)分布图

盒一段储层埋深3300~3400m,处于中成岩阶段B期,孔隙度为6%~9%,属于致密砂岩储层,且盒一段储层在早白垩世末油气大规模充注前已经致密,属于"先致密后成藏"型致密砂岩气藏,为中—高充注阻力背景;平面上,盒一段气层主要集中在主河道砂体上,但连续性不明显;垂向上气水关系复杂,存在上水下气的气水倒置现象,指示该区主要是受砂岩物性控制或者岩性尖灭控制的岩性气藏;气藏内天然气直接来源于下部源岩的垂向运移;地层水化学特征显示该区水体环境封闭,保存条件好。

综上所述,杭锦旗新召地区概括为源内先致密高净动力岩性气藏垂向运聚成藏模式(图6-12)。

二、独贵加汗地区成藏模式

独贵加汗地区地处杭锦旗地区中部,主体位于泊尔江海子断裂和乌兰吉林庙转换带内,整体构造平缓,但是南北高差较新召区大,导致区内横向成藏条件差异明显。该区太原组—山西组煤系烃源岩厚度横向变化大,东南部最厚可达18m,但在西北部尖灭;源岩埋深2900~

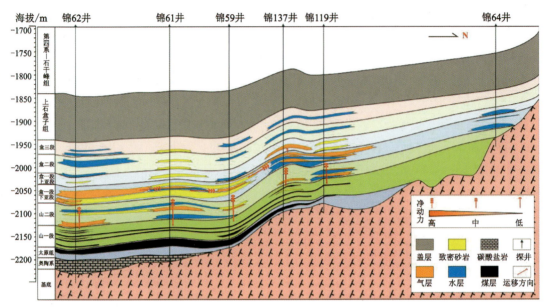

图 6-12 盆缘过渡带上古生界成藏模式图（新召地区）

3200m，镜质体反射率为 1.3%～1.6%，烃源岩条件较为优越，其中，东南部具备自源供烃条件，为高充注动力背景，而西北部源岩条件较差，自源供烃条件不足，为中充注动力背景。盒一段储层埋深 2800～3100m，处于中成岩阶段 A～B 期，孔隙度为 6%～11%，大部属于致密砂岩储层，且在早白垩世末油气充注前，该区东南部储层已经致密，属于"先致密后成藏"型致密砂岩气藏，但断裂转换带内砂体较为发育，物性较新召区好，为中—低充注阻力背景。平面上，盒一段气层主要集中在西北部断裂转换带内主河道砂体上，以纯气层为主，连片发育，连续性好，而东南部气层分散发育；垂向上，气水关系复杂。区内东南部主要发育受砂岩物性或岩性尖灭控制的岩性气藏，而西北部则是以地层尖灭和岩性尖灭共同控制的地层-岩性气藏为主；东南部气藏内天然气直接来源于下部源岩生成油气的垂向运移，而西北部由于自身烃源岩条件的限制，气藏内天然气除了部分自源供给以外，主要为东南部源岩生成的天然气沿优势通道运移至此聚集成藏。地层水化学特征显示该区水体环境封闭，保存条件好。

综上所述，可将杭锦旗独贵加汗地区概括为源内先致密高净动力地层-岩性气藏垂向-侧向运聚成藏模式（图 6-13）。

三、十里加汗—什股壕地区成藏模式

十里加汗—什股壕地区位于杭锦旗地区东部，为泊尔江海子断裂所分隔，十里加汗地区位于南部下盘，什股壕地区位于北部上盘。什股壕地处全区构造高部位，烃源岩展布局限，厚度小且成熟度低，自源供烃能力有限，其富集的天然气主要来源于南部的十里加汗地区。十里加汗地区地质历史上在构造反转之前为全区的沉积中心，区内太原组—山西组煤系源岩发育，煤层厚度为 10～20m，且展布范围广，覆盖全区，其烃源岩条件优越，生烃量大，具备向什股壕地区供烃的能力。所以，将十里加汗地区和什股壕地区划归为一套成藏系统，但二者的

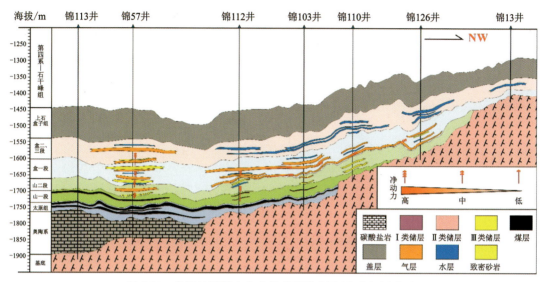

图 6-13　盆缘过渡带上古生界成藏模式图（独贵加汗地区）

气水赋存机理又有一定的差异。

1. 十里加汗地区

该区盒一段储层埋深 2600~2800m，处于中成岩阶段 A~B 期，孔隙度为 8%~12%，属于致密-近致密砂岩储层，在早白垩世末天然气充注前，该区储层已经致密或近致密，处于中—低充注阻力背景。平面上，盒一段气层主要集中在主河道砂体上，且呈分散状分布；垂向上，气水关系复杂，主要为受砂岩物性或者岩性尖灭控制的岩性气藏。气藏内天然气主要来源于下部成熟源岩生成天然气的垂向运移，也有部分来自南部深部源岩生成的天然气沿优势通道侧向运移聚集。地层水化学特征显示该区水体环境封闭，保存条件好。

综上所述，杭锦旗十里加汗地区概括为源内近致密中—高净动力岩性气藏垂向-侧向运聚成藏模式（图 6-14 左）。

2. 什股壕地区

该区盒一段储层埋深 2100~2200m，处于中成岩阶段 A 期，孔隙度为 9%~14%，基本属于常规储层，处于中—低充注阻力背景。平面上，盒一段气层主要集中在主河道砂体上并呈分散状分布，但是水层连续性较好；垂向上，天然气主要聚集于上部的盒二、盒三段，且气水分异好，主要为受局部构造和岩性尖灭控制的构造-岩性气藏。气藏内天然气主要来自南部十里加汗地区成熟源岩生成的天然气侧向运移。

综上所述，杭锦旗什股壕地区概括为源侧常规低净动力构造-岩性气藏侧向运聚成藏模式（图 6-14 右）。

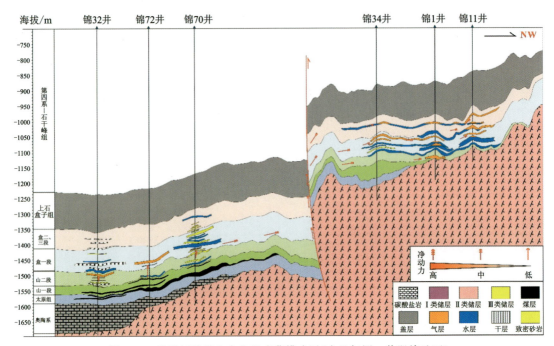

图 6-14　盆缘过渡带上古生界成藏模式图(十里加汗—什股壕地区)

参考文献

陈戈,赵继龙,杨宪彰,等.塔里木盆地秋里塔格构造带深部碎屑岩储层特征及控制因素[J].天然气工业,2019,39(4):18-27.

陈建平,赵长毅,何忠华.煤系有机质生烃潜力评价标准探讨[J].石油勘探与开发,1997,24(1):5.

陈敬轶,贾会冲,李永杰,等.鄂尔多斯盆地伊盟隆起上古生界天然气成因及气源[J].石油与天然气地质,2016,37(2):205-209.

陈义才,王波,张胜,等.苏里格地区盒8段天然气充注成藏机理与成藏模式探讨[J].石油天然气学报,2010,32(4):5.

陈勇,EA J.流体包裹体激光拉曼光谱分析原理、方法、存在的问题及未来研究方向[J].地质论评,2009,55(6):851-861.

崔明明,王宗秀,樊爱萍,等.鄂尔多斯盆地苏里格气田西南部地层水特征与气水关系[J].天然气地球科学,2018,29(9):12.

戴金星,戚厚发,宋岩.鉴别煤成气和油型气若干指标的初步探讨[J].石油学报,1985(2):31-38.

戴金星,于聪,黄士鹏,等.中国大气田的地质和地球化学若干特征[J].石油勘探与开发,2014,41(1):1-2.

戴金星.各类天然气的成因鉴别[J].中国海上油气(地质),1992,6(1):9.

党犇.鄂尔多斯盆地构造沉积演化与下古生界天然气聚集关系研究[D].西安:西北大学,2003.

段治有,李贤庆,陈纯芳,等.杭锦旗地区J58井区下石盒子组气水分布及其控制因素[J].岩性油气藏,2019,31(3):45-54.

管晋红.含油气盆地构造与成藏规律分析[J].石化技术,2021,28(10):140-141.

郝芳,陈建渝,王启军.干酪根的碳同位素组成及其意义[J].地质地球化学,1990(2):72-76.

郝蜀民,陈召佑,王志章,等.鄂尔多斯盆地大牛地气田致密砂岩气藏开发理论与实践[M].北京:石油工业出版社,2012.

侯读杰,张林晔.实用油气地球化学图鉴[M].北京:石油工业出版社,2003.

胡永章,卢刚,王毅,等.鄂尔多斯盆地杭锦旗地区油气水分布及主控因素分析[J].成都理工大学学报(自然科学版),2009,36(2):5.

胡勇,王继平,王予,等.地层含水条件下砂岩储层气相渗流通道大小量化评价方法:以鄂尔多斯盆地苏里格气田储层为例[J].天然气勘探与开发,2021,44(3):44-49.

李春堂.杭锦旗地区独贵圈闭盒一段储层特征及控制因素[J].石油化工应用,2017,36(5):102-105.

李江涛.鄂尔多斯盆地北部加里东期后构造演化及其与古生界天然气的关系[J].现代地质,1997(4):81-85.

李良,袁志样,惠宽洋,等.鄂尔多斯盆地北部上古生界天然气聚集规律[J].石油与天然气地质,2000,21(3):268-271.

李潍莲,纪文明,刘震,等.鄂尔多斯盆地北部泊尔江海子断裂对上古生界天然气成藏的控制[J].现代地质,2015(3):584-590.

李应许,赵俊兴,魏千盛,等.杭锦旗中部盒一段储层"四性"关系及有效储层下限[J].成都理工大学学报(自然科学版),2021,48(6):675-682.

李智,叶加仁,曹强,等.鄂尔多斯盆地杭锦旗独贵加汗区带下石盒子组储层特征及孔隙演化[J].地质科技通报,2021,40(4):49-60.

廖昌珍,张岳桥,温长顺.鄂尔多斯盆地东缘边界带构造样式及其区域构造意义[J].地质学报,2007(4):466-474.

刘德汉,卢焕章,肖贤明.油气包裹体及其在石油勘探开发中的应用[M].广州:广东科技出版社,2007.

刘德汉,肖贤明,田辉,等.含油气盆地中流体包裹体类型及其地质意义[J].石油与天然气地质,2008,29(4):491-501.

刘德良,孙先如,李振生,等.鄂尔多斯盆地奥陶系碳酸盐岩脉流体包裹体碳氧同位素分析[J].石油学报,2007,(3):68-74.

刘栋.杭锦旗地区上古生界天然气富集规律与成藏机理研究[D].成都:成都理工大学,2016.

刘海燕.鄂尔多斯盆地北部杭锦旗地区地质构造特征及其铀成矿意义[D].西安:西北大学,2014.

刘建良,刘可禹,桂丽黎.鄂尔多斯盆地中部上古生界流体包裹体特征及油气充注史[J].中国石油大学学报(自然科学版),2019,43(2):13-24.

刘硕.鄂尔多斯地区致密碎屑岩油气储层地震预测研究[D].北京:中国矿业大学,2020.

刘四洪,贾会冲,李功强.杭锦旗地区十里加汗区带山1段致密砂岩气水分布影响因素及分布特征研究[J].石油地质与工程,2015,29(5):8-12.

刘腾.鄂尔多斯盆地东北缘断裂构造特征及其油气成藏效应[D].西安:西北大学,2017.

刘俞佐,石万忠,刘凯,等.鄂尔多斯盆地杭锦旗东部地区上古生界天然气成藏模式[J].岩性油气藏,2020,32(3):56-67.

陆红梅,张仲培,王琳霖,等.鄂尔多斯盆地南部上古生界致密碎屑岩储层预测:以镇泾地区为例[J].石油实验地质,2021,43(3):443-451.

陆江,赵彦璞,朱沛苑,等.孔隙度反演回剥法在储层物性定量预测中的应用:以珠Ⅲ坳陷文昌区为例[J].地质科技情报,2018,37(6):105-114.

罗静兰,魏新善,姚泾利,等.物源与沉积相对鄂尔多斯盆地北部上古生界天然气优质储层的控制[J].地质通报,2010,29(6):811-820.

马世东,张东阁,徐鹏程,等.鄂尔多斯盆地五蛟地区长7油层组储层特征及控制因素[J].科学技术创新,2021,(34):33-35.

潘立银,倪培,欧光习,等.油气包裹体在油气地质研究中的应用:概念、分类、形成机制及研究意义[J].矿物岩石地球化学通报,2006,25(1):19-28.

彭清泉.鄂尔多斯盆地北部杭锦旗地区天然气成藏特征研究[D].成都:成都理工大学,2012.

齐荣.鄂尔多斯盆地伊盟隆起什股壕区带气藏类型[J].石油与天然气地质,2016,37(2):218-223.

乔羽.碳、氧同位素测定及在碳酸盐岩储层分析中的应用探讨[J].化工管理,2017,(21):51.

秦建中.中国烃源岩[M].北京:科学出版社,2005.

秦雪霏.杭锦旗地区东胜气田构造及断裂特征研究[J].河南科技,2014(13):187-188.

沈平,申歧祥,王先彬,等.气态烃同位素组成特征及煤型气判识[J].中国科学(B辑 化学 生物学 农学 医学 地学),1987(6):85-94.

施伟军,蒋宏,席斌斌,等.油气包裹体成分及特征分析方法研究[J].石油实验地质,2009,31(6):643-648.

苏艾国.干酪根碳同位素在成熟和风化过程中变化规律初探[J].矿物岩石地球化学通报,1999(2):6.

孙晓,李良,丁超.鄂尔多斯盆地杭锦旗地区不整合结构类型及运移特征[J].石油与天然气地质,2016,37(2):165-172.

孙玉梅,李友川,黄正吉.部分近海湖相烃源岩有机质异常碳同位素组成[J].石油勘探与开发,2009,36(5):8.

孙泽飞,连碧鹏,史建儒,等.鄂尔多斯盆地东北缘煤系致密砂岩孔喉结构特征及储层评价[J].地质科技情报,2014,37(6):130-137.

唐建云,张刚,史政,等.鄂尔多斯盆地丰富川地区延长组流体包裹体特征及油气成藏期次[J].岩性油气藏,2019,31(3):20-26.

王海亮.鄂尔多斯盆地杭锦旗地区锦86井区盒一段气藏地质特征研究[D].青岛:中国石油大学(华东),2018.

王继平.苏里格气田苏20区块气水分布规律研究[D].西安:西北大学,2014.

王琨.鄂尔多斯盆地南部下古生界构造特征及天然气保存条件研究[D].西安:西北大学,2021.

王万春,SCHID M.不同沉积环境及成熟度干酪根的碳氢同位素地球化学特征[J].沉积学报,1997,15(A12):5.

王岩泉,石好果,张曰静,等.准噶尔盆地车排子地区石炭系火山碎屑岩储层特征研究[C]//中国地质学会.第四届全国青年地质大会摘要集:2019年卷.北京:中国地质学会地质学报编辑部,2019:194-195.

魏志彬,张大江,许怀先,等.EASY%R$_o$模型在我国西部中生代盆地热史研究中的应用[J].石油勘探与开发,2001,28(2):43-46.

吴满生,狄帮让,魏建新.复杂构造地震物理模拟正演研究[C]//中国地球物理学会.中国地球物理学会第二十七届年会论文集:2011年卷.北京:中国地球物理学会,2011:561.

席胜利,王怀厂,秦伯平.鄂尔多斯盆地北部山西组、下石盒子组物源分析[J].天然气工业,2002(2):21-24.

向春晓.杭锦旗地区加里东末期古地貌恢复及对成藏的控制研究[D].成都:成都理工大学,2016.

熊永强,张海祖,耿安松.热演化过程中干酪根碳同位素组成的变化[J].石油实验地质,2004,26(5):4.

徐恒艺.鄂尔多斯盆地北部杭锦旗地区中生代构造特征与构造演化研究[D].北京:中国石油大学(北京),2018.

徐黎明,周立发,张义楷,等.鄂尔多斯盆地构造应力场特征及其构造背景[J].大地构造与成矿学,2006(4):455-462.

许化政,周新科.东濮凹陷文留气藏天然气成因与成藏史分析[J].石油勘探与开发,2005,32(4):7.

薛会,王毅,毛小平,等.鄂尔多斯盆地北部上古生界天然气成藏期次:以杭锦旗地区为例[J].天然气工业,2009a,29(12):9-12.

薛会,张金川,王毅,等.鄂北杭锦旗地区构造演化与油气关系[J].大地构造与成矿学,2009b,33(2):206-214.

薛会,张金川,王毅,等.塔里木盆地塔中低凸起地层水与油气关系[J].石油实验地质,2007(6):5.

薛会,张金川,徐波,等.鄂尔多斯北部杭锦旗地区上古生界烃源岩评价[J].成都理工大学学报(自然科学版),2010(1):8.

杨华,席胜利,魏新善,等.鄂尔多斯多旋回叠合盆地演化与天然气富集[J].中国石油勘探,2006(1):17-24.

杨遂正,金文化,李振宏.鄂尔多斯多旋回叠合盆地形成与演化[J].天然气地球科学,2006(4):494-498.

雍自权,李俊良,周仲礼,等.川中地区上三叠统香溪群四段地层水化学特征及其油气意义[J].物探化探计算技术,2006,28(1):5.

余威,王峰,弓俐,等.鄂尔多斯盆地西缘羊虎沟组沉积环境特征及构造指示意义[J].成都理工大学学报(自然科学版),2021,48(6):691-704.

岳雨晴.致密储层可压性评价方法及其评价效果试验考察[D].重庆:重庆大学,2019.

曾建强.杭锦旗地区下石盒子组1段储层致密化因素探讨[D].成都:成都理工大学,2020.

翟明国,朱日祥,刘建民,等.华北东部中生代构造体制转折的关键时限[J].中国科学(D辑),2003,33(10):913-920.

张凤奇,王震亮,武富礼,等.低渗透致密砂岩储层成藏期油气运移的动力分析[J].中国石油大学学报(自然科学版),2012,36(4):7.

张家强,李士祥,李宏伟,等.鄂尔多斯盆地延长组7油层组湖盆远端重力流沉积与深水油气勘探:以城页水平井区长7-3小层为例[J].石油学报,2021,42(5):570-587.

张杰,薛会,王毅,等.鄂北杭锦旗地区上古生界天然气成藏类型[J].西安石油大学学报(自然科学版),2009,24(3):6.

张鼐,田作基,冷莹莹,等.烃和烃类包裹体的拉曼特征[J].中国科学D辑:地球科学,2007,37(7):900-907.

张威,何发岐,闫相宾,等.鄂尔多斯盆地北部构造叠置与天然气聚集研究[J].中国矿业大学学报,2022(4):1-15.

张威,李良,贾会冲.鄂尔多斯盆地杭锦旗地区十里加汗区带下石盒子组1段岩性圈闭成藏动力及气水分布特征[J].石油与天然气地质,2016,37(2):189-196.

张亚东,高光辉,刘正鹏,等.致密砂岩储层流体差异性赋存特征:以鄂尔多斯盆地三叠系延长组为例[J].石油实验地质,2021,43(6):1024-1030.

张义楷,周立发,党犇,等.鄂尔多斯盆地中新生代构造应力场与油气聚集[J].石油实验地质,2006(3):215-219.

张玉晔,高建武,赵靖舟,等.鄂尔多斯盆地东南部长6油层组致密砂岩成岩作用及其孔隙度定量恢复[J].岩性油气藏,2021,33(6):29-38.

张月,韩登林,杨铖晔,等.超深层碎屑岩储层裂缝充填流体迁移规律:以库车坳陷克深井区白垩系巴什基奇克组为例[J].石油学报,2020,41(3):292-300.

张岳乔,廖昌珍.晚中生代—新生代构造体制转换与鄂尔多斯盆地改造[J].中国地质,2006,33(1):28-40.

赵桂萍.鄂尔多斯盆地杭锦旗地区上古生界烃源岩热演化特征模拟研究[J].石油实验地质,2016(5):6.

赵振宇,郭彦如,王艳,等.鄂尔多斯盆地构造演化及古地理特征研究进展[J].特种油气藏,2012(5):15-20.

郑登艳.鄂尔多斯盆地天环北段致密砂岩储层差异成岩作用与复杂气水分布[D].西安：西北大学,2021.

周景灿.浅谈东胜气田杭锦旗地区上古生界岩石学特征[J].石化技术,2015,22(6):228-229.

朱华东,罗勤,周理,等.激光拉曼光谱及其在天然气分析中的应用展望[J].天然气工业,2013,33(11):110-114.

朱扬明,周洁,顾圣啸,等.西湖凹陷始新统平湖组煤系烃源岩分子地球化学特征[J].石油学报,2012,33(1):8.

Burke E A J. Raman micro-spectrometry of fluid inclusions[J]. Lithos,2001,55(1-4):139-158.

Dai J X,Zou C N,Zhang S C,et al. Discrimination of abiogenic and biogenic alkane gases[J]. Science in China Series D:Earth Sciences,2008(12):1737-1749.

Goldstein R H,Reynolds T J. Systematics of fluid inclusions in diagenetic minerals[M]. Tulsa:SEPM Short Course,1994.

Liu Q Y,Dai J X,Jian L I,et al. Hydrogen isotope composition of natural gases from the Tarim Basin and its indication of depositional environments of the source rocks[J]. Science in China Series D:Earth Sciences,2008(2):12.

Mark D F,Parnell J,Kelley S P,et al. $^{40}Ar/^{39}Ar$ Dating of oil generation and migration at complex continental margins[J]. Geology,2010,38(1):75-78.

Prinzhofer A A,Huc A Y. Genetic and post-genetic molecular and isotopic fractionations in natural gases[J]. Chemical Geology,1995,126(3-4):281-290.

Schoell M. The hydrogen and carbon isotopic composition of methane from natural gases of various origins[J]. Geochimica Et Cosmochimica Acta,1980,44(5):649-661.

Stahl W J. Carbon and nitrogen isotopes in hydrocarbon research and exploration[J]. Chemical Geology,1977,20(9):121-149.